# 做人要有智慧，做事要有策略

梦华 编著

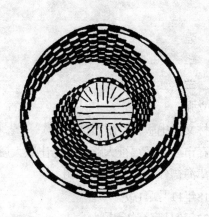

吉林文史出版社
JILIN WENSHI CHUBANSHE

**图书在版编目（CIP）数据**

做人要有智慧，做事要有策略 / 梦华编著 . -- 长春：吉林文史出版社,2018.11（2023.9 重印）

ISBN 978-7-5472-5772-2

Ⅰ.①做… Ⅱ.①梦… Ⅲ.①成功心理－通俗读物Ⅳ.①B848.4-49

中国版本图书馆CIP数据核字(2018)第263825号

做人要有智慧，做事要有策略

| | |
|---|---|
| 出 版 人 | 张　强 |
| 编 著 者 | 梦　华 |
| 责 任 编 辑 | 弭　兰 |
| 封 面 设 计 | 韩立强 |
| 出 版 发 行 | 吉林文史出版社有限责任公司 |
| 地　　　址 | 长春市净月区福祉大路5788号出版大厦 |
| 印　　　刷 | 天津海德伟业印务有限公司 |
| 版　　　次 | 2018年11月第1版 |
| 印　　　次 | 2023年9月第4次印刷 |
| 开　　　本 | 880mm×1230mm　　1/32 |
| 字　　　数 | 204千 |
| 印　　　张 | 8 |
| 书　　　号 | ISBN 978-7-5472-5772-2 |
| 定　　　价 | 38.00元 |

# 前　言

我们常听到有人感慨说："做人难、人难做、难做人。"的确，如何做人是我们每个人一生中所必须面对的难题。同样为人，一样的头脑，在人际关系中，为什么有的人如鱼得水，而有的人却备受冷落？有的人游刃有余，而有的人却举步维艰？有的人一次又一次地戴上了成功的花环，而有的人却一次又一次跌进了失败的深渊……其实，这取决于他们是否懂得做人做事的智慧和策略。说到底，做人的问题就是要处理好自己和他人、自己和社会的关系。现实生活中，那些春风得意、事业有成的人都是做人的高手，懂得做人的艺术，具有做人做事的智慧和策略，处理好人际关系问题，受到上司的重视，得到同事的尊重，赢得下级的拥戴，从而让自己的事业锦上添花，一帆风顺……反之，一个人若不懂得做人做事的智慧和策略，那么不管他有多聪明、多能干，背景条件有多好，也注定只能失败。尤其在当今社会中，竞争越来越激烈，在社会生活和人际交往中，做人做事的智慧和策略具有十分重要的作用，善用者胜，非善用者败，只有学会了做人做事的智慧和策略，才能在社会上站稳脚跟。可以说，做人做事的智慧和策略，是成功的保证。要想成功，就要学会运用智慧和策略！做人有智慧，处处受欢迎，人人给你开绿灯；做人无智慧，将会到处碰壁，孤立无援；做事有策略，让你脱颖而出，出类拔萃；做事无策略，会使你平庸一生、无所作为！

做人要聪明不外露，做一个糊涂的精明人，糊涂是大智若愚，是懂得进退之道，是一颗宽厚之心，是随机应变的智慧与谋略；做人要把握好做人的尺度，万事都要留有余地，无论向别人承诺任何事情，在没有成功的绝对把握时，应该先给自己留有余地，以便进退自如；做人要经营好自己的人脉，八面玲珑路路通，任何人都不是生活在"孤岛"上，总要与各种各样的人打交道、建立关系，那些真正有智慧的人，时刻都注意识人辨人，营造自己良好的关系网，寻找可以合作的契机，扩展成功局面；做人一定要学会低头，能屈能伸，"忍"字当先，头要能高能低，到了矮檐之下，该低头时要低头。做人要"活"一点儿，流水不腐，人"活"不输。头脑"活"一点儿，海阔天空任我行；眼睛"活"一点儿，笑看风云世事明；嘴巴"活"一点儿，左右逢源处处灵。做人要善于调整自己的心态，"心若改变，你的态度跟着改变，态度改变，你的人生跟着改变"。做人要能方能圆，方和圆缺一不可，过分的方正是固执，会四处碰壁，过分的圆滑是世故，也会众叛亲离，所以做人要外圆内方，就是行欲方而智欲圆……掌握了这些做人的智慧，必能帮助你改善人际关系，改变命运，成就成功人生。

同样，策略在做事的过程中也起到了决定成败的关键作用。

对绝大多数人而言，缺少的并不是做大事的愿望，而是帮助自己成大事的各种策略，缺乏做事的方法和技巧，所以终究还是成不了大事。

这是一个竞争的时代，也是一个成大事的时代，优胜劣汰，适者生存。如果你"两耳不闻窗外事，一心只读圣贤书"，那么你只不过徒有满腹经纶而无所用；如果你一味老实耿直，不懂应变之道，那么你也只能处处碰壁，逃脱不了平庸的魔掌；如果你素来争强好胜，百折不弯，不懂屈伸进退，那么你也只能吃亏在后，赔了夫人又折兵；如果你总是心直口快，不加掩饰，不知用晦于明、藏巧于拙，那么你也只能聪明反被聪明误，搬起石头砸自己的脚。凡此种种，都是做事没有策略的表现，也是成大事的大忌。做事没有策略，痛失良机的永远是你，四处碰壁的永远是你，功亏一篑的永远是你，扼腕叹惜的永远是你。

做事要有看待事情的特殊眼光，看到别人看不到的希望，要抓住机遇，敢于冒险；要把所有的精力集中于一点，专注突破；要学会选择，懂得放弃；要敢于决断，该出手时就出手；要从全局出发，能谋善断，运筹帷幄；要善于从不同的角度去开发思维，力求创新；要在面对挫折时力争奋发，以毅力和坚忍重攀高峰……策略就是做事时的方法和技巧，是做事的过程中必备的各大素质的综合和权衡。它是做事过程中的一盏明灯，指引着你做事的方向；它是做事者的一个助手，提醒你应该注意和避免的误区；它是做事者的一个朋友，在关键的时候为你加油打气，助你重拾信心和勇气。做事有了策略，你便掌握了做事的法宝，可以以一种大无畏的气概去面对所有难题；做事有了策略，你就会时刻关注机遇和创新的思路，从而找到更快捷、更有效的做事方式；做事有了策略，你做起事来就会更顺利、更轻松。本领高强不是你做事的最大资本，手中有钱也不是你做事可以成功的保障。要想做成大事，就要在做事的过程中不断锻炼自己的策略，让自己懂得做事的诀窍和技巧。

对于做事要有智慧和策略是指为达到某种目的而采取的正当的方法，是做人做事的一种技巧，一种智慧。无论是做人，还是做事，本来都是一门精深的学问、高深的艺术，需要我们倾尽一生的精力去体会、把握、感悟。

# 目　录

## 🦋 上篇　做人要有智慧 🦋

### 一、内方外圆，灵活变通

内方外圆不是老于世故。方是立世之本，而圆是处世方法。"内方外圆"是微妙、高超的处世艺术，它维护了人格的独立，保全了人格的尊严。为了成就事业，需要合理的变通，这便是"圆"。没有学会"圆"，就没有驾驭感情的意志，往往就会焦头烂额。

1. 以德报怨赢得好人缘 …………………………… 2
2. 亏要吃在明处 …………………………………… 6
3. 当众拥抱"对手" ……………………………… 9
4. 真理也需要装饰 ………………………………… 12
5. 不要让人期望过高 ……………………………… 15

### 二、大智若愚，以静制动

真正的聪明人往往大智若愚，时候不到，不显不露。其实，"若愚"的背后，隐藏的是真正的大智慧、大聪明。古往今来，成大事者，几乎都是那些大智若愚者。大智若愚者总是不动声色地以静制动，等待时机，出不意之策，获不世之功。

1. 诚实是最大的智慧 ……………………………… 19
2. 修建自己的码头 ………………………………… 22

3. 远离猜忌 ·················································· 25

4. 不露锋芒，一生平安 ·································· 28

5. 藏巧于拙，保全之道 ·································· 31

## 三、借力使力，智取之道

荀子曰："假舟楫者，非能水也，而绝江河；假舆马者，非利足也，而致千里；君子生非异也，善假于物也。"一个人的力量是有限的，成功的光环需要个人的努力，也需要善于借助外物。巧借他人之力，行自己之意，只要"借"得恰当，不仅能事半功倍，甚至还有可能不费吹灰之力就能成就伟业。

1. 借贵人助自己成功 ·································· 35

2. 树立完美的形象 ····································· 38

3. 巧妙借用别人声望 ·································· 41

4. 借力战胜对手 ········································· 44

5. 借事造势，突出优势 ······························ 47

## 四、审时度势，收放自如

审时度势，能够把当前的局面做一个全面的分析，能准确地估计到局势的走向，方可因时而动，相机而行；善于变通，收放自如，方可趋利避害，取舍得宜，转败为胜，变被动为主动。不识时务且不能收放自如者则会处处碰壁，事事失意，弄不好还会倾家荡产，甚至赔上自家性命。

1. 进退自如有弹性 ····································· 51

2. 忍挺兼顾是明智之策 ······························ 55

3. 先声夺人，先发制人 ······························ 58

4. 在挑战中显示智慧 ·································· 62

5. 忍一时气，成万世基 ······························ 65

## 五、安上抚下，以谋立身

作为公司中的一员，绝大多数员工都是多重身份，你可能是别人的上司或是下属，更可能同时要扮演这两个不同的角色。

学习如何与不同身份的同事相处，采取不同的策略，选择恰当的沟通表达方式，对你大有裨益，将使你赢得尊重、信任，在职场中从容行走。

1. 令出要如山 ………………………………………… 69

2. 敢打更要善"柔" ………………………………… 72

3. 在批评中加点"糖" ……………………………… 75

4. 当严必严，立威而治 …………………………… 79

5. 与上司"心心相印" ……………………………… 82

## 六、把握做人的尺度：万事都要留有余地

凡事留有余地，圆润为人，不把话说绝，不把事做绝，这样的人才是一个充满人情味的人，才能在人情社会中交游自如，不断得到他人的好评与敬重，拓展良好的人际关系网络。而那些凡事较真、不留余地的人最终会失去所有的朋友，成为孤家寡人，人人见而远之。

1. 任何时候都要留余地 …………………………… 86

2. 做人不要太狂妄 ………………………………… 89

3. 不要把话说得太绝对 …………………………… 92

4. 得理也要饶人 …………………………………… 94

5. 做人要给自己留条退路 ………………………… 96

# 下篇 做事要有策略

## 一、修身养性，做事之本

衡量一个人是否成功，要看他是否具备正直、真诚、善良等优秀的品格，其行为是否对社会有益。如果一个人为了获取财富，采取不正当的手段，不惜损害他人利益，或为了得到权力，极尽投机钻营和阿谀奉承之事，不惜丧失人格与尊严……凡此种种，这样的人，即使富甲一方，权倾一时，也难以受人

尊重，更不会对社会有益。这样的人还不是成功者，因为他们还没有获得心灵的自由。真正的成功者不会为了金钱或地位出卖人格，因为伟大的人格本身就是最大的成功。

1. 自信，相伴成功之路 …………………………… 100

2. 诚信乃做事之本 …………………………………… 105

3. 宽容他人，宽容自己 …………………………… 108

4. 主动表现你的责任心 …………………………… 113

5. 适可而止，收束欲望 …………………………… 117

## 二、运筹帷幄，及时决策

成功人士时刻都充满了危机感。因为他知道，人生充满了变数，风险无处不在，许多风险因素是自己所不能完全控制的。这就意味着人生不可能总是平平安安，一帆风顺。古语云："人无远虑，必有近忧"，如果你没有远虑，没有危机感，没有及早做好充分的准备，对于可能发生的事情缺少应对的策略，一旦生活出现危机，你就只能仓促应对，甚至变得惊惶失措，束手无策。孟子说过："生于忧患，死于安乐"，没有一点远虑的人最终会被眼前的安乐所葬送。在生活中如此，在商场上就更是如此。

1. 叶落知秋，未雨绸缪 …………………………… 121

2. 幸运女神钟情有准备的人 …………………… 124

3. 思路引导出路 …………………………………… 128

4. 终止零和游戏，谋求共赢 …………………… 133

5. 制定一个切实可行的目标 …………………… 136

## 三、张弛相宜，静动有道

有些时候，时间因素对于事业的成功特别重要。在同样的准备情况下，有些时段内采取行动，会取得很大的成功，而在此之前或之后采取行动，其结果可能是失败，这就是人们常说的机遇问题。机遇问题，其实也就是内部因素和外界环境相结合的问题。人们常说："机不可失，时不再来，"说的就是机遇的突然到来和易于消逝。因此，对待机遇，我们应当保持"静如处女，动如脱兔"的姿态，不当出手时时刻准备，一旦发现机遇来临，便果断出手，决不犹疑。

1. 做自己力所能及的事情 ………… 140
2. 主动汇报，显示自己的能力 ………… 143
3. 不当说的就不必说 ………… 148
4. 巧妙地走在老板的身边 ………… 152
5. "软硬兼施"，终有成效 ………… 155

## 四、与人相处，互敬互重

杜威教授曾这样说过："自重的欲望，是人们天性中最急切的要求。"尊重对方的威严，使对方显得重要，满足对方的自尊自重之心，使对方感觉愉快，如是，对方便也会乐于尊重你的威严，满足你的意愿，尽可能地帮助、支持你，也使你感觉愉快。这是人际交往黄金定律的一条推论：敬重他人，就会赢得他人的敬重；关爱他人，就会获得他人的关爱；宽容他人，他人也会宽容自己。一句话，敬人爱人，就是敬己爱己。

1. 以"首因效应"打动对方 ………… 159
2. 牢记他人的名字 ………… 165
3. 影响他人的三原则 ………… 168
4. 善于倾听，受益匪浅 ………… 171
5. 保持热情，化解冷淡 ………… 175

## 五、临机应变，转化有术

当今社会处处可见障碍与阻力，处处可见风险与危机，但只要善于随机应变，转化有术，事情就会变得明朗、顺利起来。在现实生活中，我们可以看到，善于随机应变的人，总是能够化险为夷，转危为安，能够将大事化小、小事化了，并且能够化平凡为珍贵，化腐朽为神奇，从而取得比他人更大的成就。

1. 量化每个细节 …………………………………… 179

2. 专心做好手头的工作 …………………………… 183

3. 把球巧妙地踢转出去 …………………………… 186

4. 特殊情况下转换一下角色 ……………………… 189

5. 柔弱胜刚强 ……………………………………… 192

## 六、融会贯通，游刃有余

"疱丁解牛"的故事告诉我们：世间一切事物，都有它自身的发展规律，掌握了事物的发展规律，办事就可以得心应手，游刃有余。这个世界并非没有障碍、没有阻力，但只要懂得融会贯通，事情也就会变得明朗、顺利起来。在现实生活中，我们可以看到，懂得适时变通、善于融会贯通的人，其遇事虽有惊而无险，其处事常游刃有余，这样的人，总是能够取得比他人更大的成就。

1. 寻求彼此的共同点 ……………………………… 198

2. 懂也要问，多向他人请教 ……………………… 201

3. 透过牢骚，及时发现问题 ……………………… 204

4. 放大他人优点，缩小他人缺点 ………………… 208

5. 运用团体的吸引力 ……………………………… 211

## 七、眼力决定成败：做事的策略在于你的眼光和意识

有一位哲人曾经说过："我们的痛苦不是问题的本身带来的，而是我们对这些问题的看法而产生的。"这句话很经典，它引导我们学会解脱，而解脱的最好方式是面对不同的情况，用不同的思路去多角度地分析问题。因为事物具有多面性，视角不同，所得的结果就不同。

1. 眼力就是策略 …………………………………… 214

2. 发现你身边的宝藏 ……………………………… 217

3. 练就敏锐的观察力 ……………………………… 220

4. 做事要洞察"先机" ……………………………… 223

5. 看准时机再行动 ·························· 225

## 八、方法总比问题多：求人办事的策略

方法和问题是一对孪生兄弟，世上没有解决不了的问题，只有不会解决问题的人。问题是失败者逃避责任的借口，因而他们永远不会成功。而那些优秀的人不找借口，只找方法，把问题当成机会和挑战，因而成为成功者。所以，当你遇到问题时，应勤于思考，积极转换思路，寻求问题的解决方法，最终你会发现：问题再难，总有解决的方法，方法总比问题多。

1. 善于寻找得力的合作伙伴 ··············· 229

2. 帮助他人也等于是帮助了自己 ········· 233

3. 为对方分析利弊得失 ·················· 235

4. 从别人感兴趣的话题着手 ············· 237

5. 储蓄人情，办好大事 ·················· 240

# 上篇　做人要有智慧

　　做人要聪明不外露，做一个糊涂的精明人，糊涂是大智若愚，是懂得进退之道，是一颗宽厚之心，是随机应变的智慧与谋略；做人要把握好做人的尺度，万事都要留有余地，不论向别人承诺任何事情，在没有成功的绝对把握时，应该先给自己留有余地，以便进退自如。

# 一、内方外圆，灵活变通

内方外圆不是老于世故。方是立世之本，而圆是处世方法。"内方外圆"是微妙、高超的处世艺术，它维护了人格的独立，保全了人格的尊严。为了成就事业，需要合理的变通，这便是"圆"。没有学会"圆"，就没有驾驭感情的意志，往往就会焦头烂额。

## 1. 以德报怨赢得好人缘

以德报怨，是一种风度。
以德报怨，是一种美德。
以德报怨，是一种气质。

以德报怨是中华民族的优良传统，是人生的一种至高的境界。

以德报怨是一种大度，是"大肚能容天下难容之事"的宽容；以德报怨是一种境界，它意味我们有可能战胜自己的弱点；以德报怨是一种精神，它要我们超越自己的偏见；以德报怨是一种气概，属于"豪气干云、敢于傲视天下"的那种；以德报怨是一种态度，它培育我们的博大胸怀；以德报怨是一种理想，它召唤我们走向崇高。

《马太福音》中有这样一条教义：当有人打你右脸时，你应该把左脸也伸过去让他打。这话听起来有些不可思议，但是真正信仰耶稣的基督教徒们却将其奉为圭臬。莎士比亚时代的英国是一个基督教盛行的国度，所以无论是莎士比亚本人，还是当时的人们都对基督教的教义十分推崇。当安东尼奥（《威尼斯商人》）面临着从自己身上割下一磅肉，以偿还夏洛克债务的命运时，他放弃了旧约中"以牙还牙"的逻辑，而遵循了新约中"以德报怨"的教诲。安东尼奥在决定从自己身上割下一磅肉的时候，实际上已经完成了从一个普通人到高尚者的升华。

以怨报怨，以牙还牙，以毒攻毒，虽然可以解一时之气，却难以平息由此产生的严重后果，结果总是导致仇人增多友人减少。聪明人采取以德报怨的方法，一方面可以消除对方的仇恨情绪，使其反省自己的行为；另一方面也可以使自己在行为上处于有利地位，使舆论和观众都支持自己。

保尔是戴维的好友，一天，他在戴维的电脑上做了手脚，使戴维一下子损失了几十万美元。戴维怒不可遏，委托律师将保尔告上了法庭。最后虽然保尔被关进了牢房，但戴维还是觉得难解心头之恨。

几年后，保尔出狱，他内心依然愧疚，觉得对不起戴维，几次打电话向戴维道歉。但戴维一听是保尔的声音，不容分说立刻将电话挂断。

戴维的妻子知道后，多次劝他应该宽宏大量，何况保尔是电脑领域的专家，对他的生意很有帮助。戴维几经思考，觉得妻子说得很有道理，可是每次拿起电话，那几十万美元的损失就浮现在脑海，于是又放下电话。

好长一段时间里，戴维总是处于这种矛盾中，一会儿觉得应该原谅保尔，一会儿又觉得不能原谅伤害过自己的人。直到一位心理医生告诉他："你形成了一种心理障碍，这种障碍不仅会妨碍你与保尔之间的关系，也会妨碍你与他人的交往，必须积极地清除它。"听了这些话，戴维终于鼓起勇气给保尔打了一个电话，约他第二天到办公室见面。

第二天，他们谈得很顺利，戴维还决定再次聘用保尔，他对保尔说："我相信你不会再辜负我。"保尔非常感激，从此以后死心塌地为戴维工作。

生活中，恩将仇报的人是屡见不鲜的，真正懂得以德报怨的人却不多见。但只有这些宽容和豁达的人，才能享受人生的快乐。

在以德报怨交友上有所心得的一位女士说："现实生活中，哪有那么多的杀父之仇、夺妻之恨、灭子之怨呀，有点怨有些仇有些气的，无非是一些冲突、一些摩擦，遇到别人在气头上，自己笑一笑，也就过去了，遇到那些出言不逊、出手伤人的人，忍一忍，也就过去了。"

大凡为人者，施人以物，人思以财还；施人以财，人思以情还；施人以情，人思以恩还；施人以恩，人思以命还。

人施我以怨，我以德还而非恶还，就断了冤冤相报的后路！所以说，以怨报怨怨难了，以德报怨怨易消。

恩恩怨怨何时了？如果一味想着报复对方，其结果只能是两败俱伤。反之，如果以德报怨，就能使对方成为朋友，成为可以依靠的一座靠山。

汉代的淮阴侯韩信年轻时家里很穷，由于没有正当职业，他便到处游荡。因为手头拮据，为了充饥他只得沿街讨饭。

一天，他正悻悻地向城里走去。忽然，有人高声喊道："韩信，站住！"

韩信一看，前面有一群人在街上谈天，其中有一个神态骄横的少年，叉着腿，伸着胳膊，挡住了他的去路。那少年指着韩信背上挎的那把宝剑狂妄地说："别看你身躯高大，带着宝剑，其实是个胆小鬼，没有什么出息！"

好多人围上来看热闹。

那少年又说："韩信，你要有胆量就用剑刺死我；否则，就只能从我两腿之间钻过去！"说完，把腿叉开，摆出架势。

众人一齐盯着韩信。

韩信呆呆地站了好久，缓缓地俯下身子小心翼翼地从那少年胯下钻了过去。他这狼狈不堪的样子引起了众人的喧闹和讥笑。

10年过去了，韩信参加了推翻秦朝的农民起义。他被刘邦重用之后，统兵百万，屡战屡胜。刘邦平定天下之后，论定韩信军功最大，封他为楚王。

韩信衣锦还乡，打探当年侮辱他的那个少年的下落。当地百姓听说后纷纷议论道：那位少年的末日到来了。

那个曾经侮辱过他的人已经成为一个身强力壮的成年人，胆怯地跪在韩信面前。

韩信指着那个男子对左右说："这是一个壮士。当年侮辱我时，我当然能够杀死他。但杀死一个无知的少年又有什么用呢？因此我一直忍了下来。今天，我任命他为中尉，掌管捕捉盗贼的事情。"

出人意料的决定，引起了百姓的惊奇和赞叹，而韩信的部下也更加信赖和效忠他了。

不计前仇，以德报怨，韩信表现出了一个有气度、有计谋的大将的胸怀。由此，人们也就不难理解，为什么韩信能驾驭千军万马，成为足智多谋的常胜将军了。

以德报怨，可谓是交友之中的重要一环。能以德报怨者，应该是心修到一定境界、识修到一定境界的脱俗者，是贤人，是圣人。

以德报怨，是解决仇怨纷争的有效招法。别人对我以恶，我对别人以善，其恶也就无从为恶。

个人交友，在通常的情况下，以德报怨一次，就会得到一个朋友，以德报怨十次，就会得到十个朋友。

对于个人来说，以德报怨的具体显现，可以简化到一个手势，乃至一个微笑。我想，朋友们不妨试试这个"以德报怨"

的"处世哲学"。如果每个人都能够以这样的心态对待人和事，不仅可以给别人带来快乐，而且自己也定会永远被友爱所包围，不信？您就试试？

**做人秘语**

学会以德报怨，你将活得更加潇洒，人生更有意义。

学会以德报怨，你将拥有一份胜利的喜悦，你将永远充实。

学会以德报怨，你就拥有了别人不能拥有的一切。

## 2. 亏要吃在明处

想让别人欠个人情给你，就要学会吃亏。

亏要吃在明处，吃在暗处就是白吃了。

"吃亏是福"是我们的祖训之一，至今被广泛认同与传扬。不少文章把"吃亏"描述成一种高尚行为，所以不仅要甘于吃亏，还要勇于吃亏。小民就是信奉者之一。

小民是一家公司的技术员，在做第一份工作的时候，技术上一出现问题，他总是主动承担责任。岂料有一次公司正好需要一个"替罪羊"，于是他顺理成章地被辞退了。他觉得自己吃了亏，等再找工作的时候公司的负责人应该会推荐一下，至少公司里面的人对自己没有什么恶意，不会背后说坏话。为此他还特意请同事们去大饭店吃了一顿饭。但结果恰恰相反，后来小民找工作的时候，没有一个同事替他写推荐信。过了很久小民才明白，如果同事们帮他说好话，就是反证公司有错。在他们看来，小民反正已经吃亏了，已经被开除了，就让他吃亏到底吧。

后来小民进入另一家企业工作，与公司里管人事的经理谈好转正后工资加 500 元。但试用期过后工资没有变，当初招他进公司的人事经理却被换掉了。由于合同上没有说明是试用期，写的是一年的工资，小民也没有办法。他向上级反映，上级说这是公司的规定，大家都得按照公司的制度做事。结果小民的合理要求，最后竟变成了无理的要求。为了避免不好的影响，想想"吃亏是福"，小民也没有继续争论。

在"吃亏是福"的祖训下，大批像小民这样的老实人产生了，他们默默奉献，为了息事宁人，往往吃了暗亏，结果是"哑巴吃黄连，有苦难言"只得安慰自己"吃亏是福"，虽然不知福在哪里。

所以，吃亏也必须讲究方式和技巧——亏要吃在明处。

你吃亏时，至少要让对方明白，让对方意识到，你吃亏是为了帮助他。

雪红为公司勤勤恳恳地干了 5 年，马上就要升职加薪了，却一不留神吃了一个大亏：在她出差期间，公司分配需要指导的新人。等她回来后，好一点儿的新人都被别人"认领"了，只剩下一个据说只在民办大学里读了两年就跑出来混的小男生。人事经理对她说："这个人是临时招进来的，你随便指导一下，不出错就可以了。"

雪红心中暗想：我混了这么多年，还不明白你们的伎俩，就算我呕心沥血把他教成了优秀员工，也不见得令你们满意，我要真的随便，你们还不把我给开了？再说，升职指标只有一个，同部门的小珊也是虎视眈眈，如果这时候输给了她，就会一败涂地。

但要想赢过小珊太难了。因为小珊指导的新人是正规大学毕业生，并且在多家知名企业实习过。看来，这个亏雪红是吃定了。

大家都看得出来，雪红指导的那个新生真的很不适应公司的节奏，一封催货的英文电子邮件，他要比别人多花 10 多分钟才能搞定，每天都要加班两个小时左右才能完成当天的任务量。同事们都很同情雪红。

雪红为此头疼得要命，每天下班后都要留在办公室里陪他加班。好多次上司从外面谈完生意回到公司开小会，都能看到办公室里灯火通明，雪红还在指导新来的员工。

尽管雪红费心费力，一个月后新员工试用期考察结束，小珊指导的那位员工的表现还是远远超出她所指导的员工。

然而出乎大家意料的是，雪红竟然赢得了部门里唯一一个升职指标。为什么会这样呢？因为公司上层都知道这个新员工的素质比较差，也多次目睹雪红指导新员工的场面，他们看到雪红在指导新员工方面的表现远远超过小珊。所以，他们觉得，雪红肯吃亏，且有容人之量，更具有领导者的气质。

雪红的聪明之处在于，在人人都知道她吃亏的情况下，她还利用各种机会主动表现自己的吃亏，尤其是让上司看见她的吃亏，终于化被动为主动，化吃亏为福气。

办公室里不怕吃亏，怕的是你吃亏别人看不到。所以说，"吃亏在明处才是福"，让关键人物知道你是主动地吃亏，认同你的吃亏，感谢你的吃亏，你才能不会吃亏。亏，要吃在明处，至少，你该让对方"瞎子吃汤圆——心里有数"。

把亏吃到明处，你就成了施者，对方则成了受者，看上去是你吃了亏，他得了益，然而，对方却欠了你一个情，在人情的天平上，你已为自己加了一个筹码，这是比金钱、财富更值得珍视的东西。

## 做人秘诀

吃亏时，至少要让对方明白，让对方意识到，你吃亏是为了帮助他。

吃亏要吃在明处，否则结果可能是"哑巴吃黄连，有苦难言"。

# 3. 当众拥抱"对手"

地球是圆的，天涯无处不相逢啊！

"当众拥抱"，就是要向大家传递你对"对手"的善意。

竞技场上比赛开始前，双方都要握手敬礼或拥抱，比赛后也要重复一次，这是最常见的当众拥抱对手。政治人物也常这么做，明明是恨死了的政敌，见了面仍然要微笑着握手寒暄。

当然，当众拥抱你的对手，平常生活中绝大部分的人很难做到，因为绝大部分人看到"对手"都会有灭之而后快的冲动，若环境不允许或没有能力，至少也会保持一种冷淡的态度或说些让对方不舒服的话。可见要拥抱对手是多么难！

就因为难，所以人的成就才有大有小，能当众拥抱对手其人的成就往往比不能当众拥抱对手的人大！

为什么这么说呢？因为能当众拥抱对手的人是站在主动的地位，采取主动的人能"制人而不受制于人"。客观上，你的主动使对方处于"应战"的被动态势，如果对方不能也"拥抱"你，那么他将得到"心眼太小"之类的评语。所以当众拥抱你的对手，无论从哪个方面来看，你都是赢家！其次，当众拥抱你的对手，可在某种程度之内降低对方对你的敌意，也可能避免加深你对对方的敌意，免得敌意鲜明，反而阻挡了自己的去路与退路。地球是圆的，天涯无处不相逢啊！

最重要的是，当众拥抱对手久了会成为习惯，慢慢地会让你与人相处时能容天下人、天下物，进退自如，这正是成就大事业的本钱！

事实上，要当众拥抱你的对手并不难，只要你能克服心理障碍就可以了。你可以这么做：

——在言语上拥抱你的"对手"，例如公开关心对方、称赞对方，但切忌显得虚假，否则会造成相反效果！

——在肢体上拥抱你的"对手"，例如握手、拥抱等。尤其是握手，你伸出手来，对方好意思缩手吗？

为什么强调"当众"呢？就是要让别人看，向大家传递你对"对手"的善意。

其实竞争对手是你的一笔财富！没有竞争对手的存在，你反而不会成功！成功者90％的成就来自他的"对手"。对手倦怠，所以我们慵懒；对手紧逼，所以我们飞翔；对手出色，所以我们拔萃——在竞争时代，理解"对手"的意义或许比什么都重要。

任何人，都无法让自己的对手不存在。人们都渴望与对手公平、公正、公开地竞争，然而，这仅仅是人们自己的渴望。对手为了竞争的胜利，则会采用一切可用的手段，包括明的、暗的、黑的、白的，令你防不胜防。

如果你恨得咬牙切齿，或采取躲避的态度，或是以其人之道还治其人之身，拼个鱼死网破，你就错了，这样做对自己是毫无好处的，只能浪费自己的激情、时间与精力。因为，对手不会因你这样做而消失，他们只能送你一个"无能"的称谓。

一个人的成功过程，首先应该是一个征服的过程。征服自己，征服对手，征服困难，才会得以成功。世界不会按你的意愿而改变，但它会因你的努力而改变。

成功者不会想做那些无聊而且无用的事情，他们会尊重对手的各种手段，因为他们永远都比一般人更能接受客观现实。

他们认为，拥抱对手，自己会拥有更广阔的天空！他们总是把对手当作伙伴，在竞争中提高自己的智慧和能力。他们认为对手不仅是敌人，也是学习的对象。他们会祝愿对手成功，与之携手走向辉煌。

互相拆台只会两败俱伤。但是由于种种的原因，有的人把对手当作死敌，嫉妒对手的成功，结果用各种卑鄙的手段去攻击对手。这种做法非常不可取！正确的做法应该是，伸出你的手，去握对手的手！

马克是旧金山一个水泥厂的老板，由于重合同守信用，所以生意一直很火爆。但在另一位水泥商罗斯进入旧金山市场后，情况有了变化。罗斯在马克的经销区内告诉建筑师、承包商，说马克公司的水泥质量不好且公司面临着倒闭。

马克虽然并不认为罗斯的造谣能够严重影响他的生意，但心中还是生起了无名之火。

有一天，罗斯的言论使马克失去了一份 3 万吨水泥的订单，马克非常愤怒，去见牧师，但牧师劝他以德报怨、化敌为友。

马克听从了牧师的意见，在一次酒会上将他的一位顾客介绍给了罗斯。因为他的顾客所需要的水泥型号不是他公司所能生产的，却与罗斯出售的水泥型号相同。同时罗斯并不知道有这笔生意。

马克的做法让罗斯大吃一惊并非常尴尬。罗斯难堪得说不出一句话来，他发自内心地感激马克的帮助。他停止了散布有关马克的谣言，而且同样把他无法处理的生意也交给马克做。

后来，旧金山所有的水泥生意都被他俩垄断了。

"以德报怨，化敌为友"，这无疑是马克在这一过程中取得的最宝贵的经验。

你如果有"退一步海阔天空"的胸襟，一定会取得惊人的成功。

感谢对手吧，正是他们使你变得伟大和杰出。

## 做人秘诀

成功者 90％的成就来自他的"对手"。

对手紧逼，所以我们飞翔；对手出色，所以我们拔萃。

成功者总是把对手当作伙伴，在竞争中提高自己的智慧和能力。

# 4. 真理也需要装饰

让真理被肯定，需要一些方法。

过于直言会让人产生厌烦的感觉。

从前，有一个爱说大实话的人，什么事情他都照实说，不管他到哪儿，总是被人赶走。因此，他变得一贫如洗，无处栖身。

最后，他来到一座修道院，指望着能被收容进去。院长向他问明了原因以后，认为应该尊重那些热爱真理、说实话的人，于是把他留在修道院里安顿下来。修道院里有几头牲口已经不中用了，院长想把它们卖掉，可是他不敢派手下的人到集市去，怕他们把卖牲口的钱私藏腰包。于是，他就叫这个人把两头驴和一头骡子牵到集市上去卖。

这人在买主面前只讲实话："尾巴断了的这头驴很懒，喜欢躺在稀泥里。有一次，长工们想把它从泥里拽起来，一用劲，拽断了尾巴；这头秃驴特别倔，一步路也不想走，他们就抽它，因为抽得太多，毛都秃了；这头骡子呢，又老又瘸。如果干得了活儿，修道院院长干吗要把它们卖掉啊？"

结果买主们听了这些话转头就走。这些话在集市上一传开，谁也不来买这些牲口了。

院长对他发火说："朋友，那些把你赶走的人是对的。不应该留你这样的人！我虽然喜欢实话，可是，我却不喜欢那些跟我的腰包作对的实话！所以，老兄，你滚开吧！你爱上哪儿就上哪儿去吧！"就这样，这人又被赶走了。

虽说"良药苦口利于病，忠言逆耳利于行"，但在现实中，真正乐于听取逆耳忠言的人寥寥无几。在人情关系学中，要注意尊重他人，即使是指责批评，也要加以包装和修饰，这样做方便容易接受。俗话说得好，"佛要金装，人要衣装"。商品要有新颖的包装才会吸引顾客，女人要有漂亮的衣裳才能更显现出她的美丽风姿。而说话也要像商品和女人一样，需要经过良好的包装才能让人接受和信服。这就是包装的魅力。

有一位年轻貌美的姑娘，一丝不挂、满身污垢地去见国王。国王看后将她赶了出去。后来，这位姑娘把自己洗得干干净净，如出水芙蓉一般，穿上了漂亮的时装之后又去见国王。国王高兴地接见了她，并将其留在身边。这位姑娘的名字就叫"真理"。

任何时候都要坚持讲真话，但人们听了赤裸裸的真话往往会觉得刺耳，所以，在说出真相的时候也要选择适当的方式。

说话一定要讲究方法，对的并不一定能让人轻易接受。只有说得恰到好处，才能够很快地达到预期的效果。

德国诗人海涅也曾经说过："言语之力，大到可以从坟墓唤醒死人，可以把生者活埋，把侏儒变成巨人，把巨人彻底打垮。"

老板不是万能的，也可能会做错事。如何让犯错却不自知的老板明白自己的错误，可是门大学问。

但如果真的因为老板做错事而让你看不下去或睡不着觉，那么建议你要采用"说老板不是"的策略，以免因闪失而影响自己未来的职业发展。

最重要的第一步是，请务必确定这是老板犯的错。但请别在告知老板错误时还带着证据，让老板以为你要摊牌。

请别在公开场合直接指出老板的错误，这只不过是匹夫之勇罢了。因为，老板的面子非常重要，而且古今中外皆然。因此，请你等人群散去后，再私下找老板聊。

一旦百分之百确定是老板的错时，就开始找个好时机并且观察老板的反应，找个适当的场合，再设计出好的开场白，指出老板的错误。

开头的话语也会影响你这次表达沟通是否成功。先让老板知道你的出发点是好的，例如"我是为了公司运营着想"或"我非常尊敬你"之类的话，接着再以轻描淡写的方式暗指老板的错误。

此外，"以退为进"也是个好策略。例如，很多部属最讨厌"说一套、做一套"的老板。如果你想要让老板知道他"说一套、做一套"的错误，你可以采用隐喻的方式，例如"我的朋友在某家公司工作，总是抱怨他的老板说一套、做一套……"暗示老板他所犯的错。

一个善于说话的人，从不会轻易对他人直言相对即便是对方有错。而那些忠直的人，却要实话实说，这就让人觉得他们太过鲁莽、锋芒毕露了。有锋芒也是魄力，在特定的场合显示一下自己的锋芒，是很有必要的，但是如果太过，不仅会刺伤别人，也会损伤自己。

古时候，有一个财主，因晚年得子而兴奋不已，决定在儿子生日那天大宴宾客。

当天，财主问前来道喜的一个客人："你看这孩子将来会怎么样？"客人答道："这孩子眉宇间散发出一种贵气，将来定能当大官！"财主听后，笑得合不拢嘴，奖赏了他。

财主又问另外一个客人说："依你之见我的儿子将来会怎么样？"这位客人回答说："看这孩子的面相，即是大福大贵之人，将来肯定能发大财！"财主听后，又是欣喜万分，也当场奖赏了他。

财主又问第三个客人说："你看我的孩子将来会怎么样？"这位客人毫不客气地说："将来他肯定会死。"财主一听，顿时火冒三丈，气急败坏地命人把他毒打一顿，赶出了宴会。

由上面的故事看来，一些真话，说出去会遭人白眼，令人讨厌，而说假话又是违背良心的一种行为，许多人都不愿说，从而就产生了另一种倾向，那就是含糊其词、应付了事。

既然不愿说假话，又不愿令人讨厌，最好的办法也就只有模棱两可、含糊其词对待了。

人，总是要面对生活的。生活中，真实是重要的，真诚更加重要，这对人生、对社会无疑是有更大价值的。然而，我们所处的社会是纷繁复杂的，大家都是凡人，都期望能出人头地。每个人心中都有这样或那样的欲望和念头，不加选择、不分对象、不分场合把什么都和盘托出，那只会招来祸患，只有把握一定的原则，把握好其中的分寸，你才会成为一个受人欢迎的人。

**做人秘语**

不把话说得太直白，是成功的做人手段。

说出真相的时候也要选择适当的方式。

# 5. 不要让人期望过高

被想象的欲望控制的人们无法正确地评价一件事情的好坏和进度。

给他们一个惊喜，而不是深深的失望，这是为人处世的金科玉律。

不管某种东西多么美妙，它也不能总是满足我们先入为主的想法。如果实际超过我们的预期，或某种东西后来证明比我们原来预期的要好，那么我们就会感到更快乐。

成功的人很注意承诺这个细节。他不会轻易承诺某一件事，即使有把握，也不会轻易承诺。而生活中有许多人都把握不了承诺的分寸，他们的承诺很轻率，不给自己留下丝毫的余地，结果往往是许下的诺言不能实现。

某高校一个系主任，向本系的青年教师许诺说，要让他们中三分之二的人评上职称。但当他向学校申报时，学校却意外不能给他那么多的名额。他据理力争，跑到腿酸，还是不能解决问题。他又不好意思把情况告诉系里的教师，只对他们说："放心，我既然答应了，一定要做到。"

最后，职称评定情况公布了，众人大失所望，把他骂得一钱不值，甚至有人当面指着他骂。而校领导也批评他是"本位主义"。

从此，他不但在系里信誉扫地，而且在校领导跟前失去了好感。

事物总是发展变化的，你原来可以轻松做到的事可能会因为时间的推移、环境的变化而增加难度。如果你轻易承诺下来，会给自己以后的行动增加困难，对方也会因为没有得到你承诺的结果而失望，所以，即使是自己的事，也不要轻易承诺，不然一旦遇上某种变故，让本来能办成的事没能办成，你在别人眼里就成了一个言而无信的"大话王"。

因此，我们在工作中，不要轻率许诺，许诺时不要斩钉截铁地拍胸脯，应留一定的余地，即使是自己能办的事也不要马上答应。

当然，这种留有余地不是给自己不作努力寻找理由。

须知，有了承诺，就应该努力做到，千万不要乱开"空头支票"，不然不仅伤害了对方，还会毁坏自己的声誉，使自己在社会上难有立足之处。人们对于事情的估计往往会远远超越真实的情况，现实永远无法追赶上人们对其的想象。我们可以轻而易举地想象某件事情非常完美，但是在现实中，让一件事情达到完美实在是非常困难的。欲望加上人的想象力，会产生很多其他的东西，但是事实上这种东西是很少见的。这就是说，现实很难满足人的想象力。

所以不论做什么事情，要保持低调，不要过分地夸张，更不要吹嘘。否则，即使你实事求是，你也往往会给人失望的感觉。这会影响别人对你的评价。被想象的欲望控制的人们无法正确地评价一件事情的好坏和进程。所以不管你做什么事情，都不要让人们产生过高的期望。这样，事情的发展往往会出乎他们的意料。给他们一个惊喜，而不是深深的失望。这是为人处世的金科玉律。

备受赞扬的事情，很少有令人满意的收场。想象某物的完美并不难，难的是在实际上达到那种完美。想象和欲望总是结为伉俪，孕育出和真实事物区别很大的东西。

一位留美的计算机博士，毕业后在美国找工作，结果好多家公司都不录用他。思前想后，他决定收起所有证明，以一种"最低身份"再去求职。

不久，他被一家公司录用为程序输入员，这对他说简直是"高射炮打蚊子"，但他仍干得一丝不苟。不久，老板发现他能看出程序中的错误，非一般的程序输入员可比，这时他亮出学士证，老板给他换了个与大学专业对口的职位。

过了一段时间，老板发现他时常能提出许多独到的、有价值的建议，远比一般的大学生要高明。这时，他又亮出了硕士证，于是老板又提升了他。

再过一段时间，老板觉得他还是与别人不一样，就对他"质询"，此时他才拿出博士证。老板对他的水平有了全面认识，毫不犹豫地重用了他。

让老板对你的期望"由低到高"比"由高到低"要好得多。期望值的方向和能量变化就是这样的规律。

因此美妙的东西引起的常常是失望多于希望。希望是骗子，需要合理地控制它，以便让实际上带来的快乐超过我们原有的期望。体面的开始应该主要是为了唤起人们的好奇心，而不是要强化人们的期望。如果现实超过我们的预期，或某种东西后来证明比我们原来预想的要好，那么我们就会感到更快乐。不过这种道理并不适用于坏的事物：当一种恶被事先夸大，而人们后来发现实情之后，就会转而对它抱赞赏的态度。比如，如果你犯了一个错误，你过分地夸大你的错误，反而更容易得到别人的谅解。这样，人人避之不及的事情看上去也没有那么不可容忍了。

随时调整别人对你的期望值，这样会使你更加游刃有余做能力所及的事情。还能让你在别人的心目中慢慢地树立良好的形象，他们会认为你是个稳重而不浮躁、能够量力而行并能让他们有所重托的人。

为人处事，应当讲究言而有信，行而有果。因此，承诺不可随意为之，信口开河。明智者事先会充分地估计客观条件，尽可能不做那些没有把握的承诺。

## 做人秘诀

"爬"得越高，"摔"得越重。

如果现实超过我们的预期，或某种东西后来证明比我们原来预想的要好，那么我们就会感到更快乐。

# 二、大智若愚，以静制动

真正的聪明人往往大智若愚，时候不到，不显不露。其实，"若愚"的背后，隐藏的是真正的大智慧、大聪明。古往今来，成大事者，几乎都是那些大智若愚者。大智若愚者总是不动声色地以静制动，等待时机，出不意之策，获不世之功。

## 1. 诚实是最大的智慧

诚实是一种优质资源。

遵守诺言就像保卫你的荣誉一样。

现实生活中，人们常常把智慧的桂冠送给那些喜欢耍小聪明和小手段的人，而对那些心地诚实、办事规矩的老实人，往往以"死脑筋"称之，因而使许多老实人产生了自卑心理，以为自己真的缺少智慧，在如何为人处世上陷入困惑。

在"老实的人吃亏"、"老实就是无用的代名词"这种社会偏见的笼罩下，你可能曾经也为诚实付出过代价，但请你相信，那些自以为聪明、爱骗人的伪君子，最终会被淘汰。可以试想一下，当别人向我们表示信任时，我们想要回报对方的愿望几乎是无法控制的。

小蓝的表妹从乡下来到城里找工作，她对小蓝说："姐，我没有学历也没有什么工作经验，恐怕是没人要我吧？"小蓝想了想，告诉表妹："求职是需要技巧的，你不能实话实说，面试时撒点小谎也是可以的。"说完，塞给了表妹几本职场指导类图书，让她参考参考，对求职或许会有帮助。

一天，小蓝去表妹租住的房间，竟然看到送给她的书连翻都没翻过。便隐隐地为表妹担心，怕她在激烈的求职竞争中败下阵来。

可是，没几天，表妹竟然兴高采烈地来找小蓝。原来，表妹找到了好工作，在市内知名外资公司担任产品推广员。推广员的工作便是在市区或居民区发放小礼品，并回收市场调查表。因为公司派出的小礼品吸引力比较大，所以该职位工作轻松，是块不错的"香饽饽"。

不知道一无学历、二无工作经验的表妹，是如何被百里挑一选中的。小蓝自然关心起表妹成功求职的经过。表妹也毫不隐瞒，她告诉小蓝，她没有带简历或学历，也没像其他求职者漫无边际地渲染自己的能力，而是非常坦白地告诉面试的主考官，来自乡下的她几乎是一张白纸，有的只是诚实的秉性和不怕吃苦的精神，更重要的是她不敢不努力，因为口袋里的生活费已经不够了。

主考官并没嫌弃这个乡下妹子，而是在会心一笑后说："你是唯一一个以本色面试的求职者，没粉饰自己的过去也不隐瞒自己的现在。诚实是一种不可或缺的力量，这是你最大的财富。恭喜你，3天后来报到上班吧！"

还有一个求职的故事，不同的结果却告诉了我们相同的道理。

一名在德国留学的中国学生，毕业时成绩优异，但他在德国求职却被很多家大公司拒绝。后来他只好选了一家小公司去求职，没想到仍然被拒。而各个公司都不愿聘用他的原因是：他有3次乘坐公共汽车逃票被捉的记录！在德国逃票一般被查到的几率是万分之三，这位高才生居然被抓住3次逃票，在严肃严谨的德国人看来，那是永远不可饶恕的。

老实人看似缺少所谓的"智慧"，实际上，这才是真正的大智慧。古人教我们的"大智若愚，大巧若拙"，也就是这个道理。诚实是人能保持的最为高尚的品行。

诚信是一种最好的能力，因为它能赢得别人的信赖，而信赖恰恰是现代社会获得成功的最好润滑剂。以诚实和善良待人，送出的是温暖，给自己带来的是幸福。除了天资、信仰、信息、人际关系外，诚信是你取得成功的重要利器。

诚实是一种大智慧，世界上最聪明的人是最诚实的人。真诚老实人所共戴，虚伪狡诈必遭唾弃。

诚实，是一种美丽。因为有了诚实凝聚的可靠和宽厚，方使得所有的品质经得起洗礼，所有的宣言值得人们的信赖。

诚实，更是一笔人生的财富，它可拒绝缤纷的诱惑，它可以摒弃心中的那份浮躁，守住心灵的那片净土。

所以美国总统华盛顿说："我希望我将具有足够的坚定性和美德，以此保持所有称号中我认为最值得羡慕的称号：一个诚实的人。"

商场中，诚实守信更是商家制胜的法宝。旧时中国店铺的门口，一般都写有"货真价实，童叟无欺"八个字。《左传》中说："信不由中，质无益也。"在商品买卖中，提倡公平交易、诚实待客、不欺诈、不作假的行业道德。对于商人而言，如果从小没有养成遵守信用的习惯，那么就不可能取得别人的信任，生意也就很难做。李嘉诚曾戏言自己不是"做生意的料"，因为他觉得自己不会骗人，不符合中国人无商不奸的标准，令人感叹的是偏偏是这么一块"废料"却做成了全亚洲独一无二的大生意。这样的例子实在是举不胜举。所有成功的人背后都有一个坚强的后盾——诚实。他们对所有事情的承诺能不计任何代价去达成。

小胜靠谋，大胜靠德。诚信是金，守信既是市场经济应该且必须遵守的法则，也是人生最宝贵的财富。诚实、守信能帮助你的人生之舟在波涛汹涌的大海上移步航行，能让你得到生死朋友，赢得宝贵的友谊。

　　世上没有比一个失去诚实、廉正和自尊的人更穷的人了。不管你有多少钱，你都不会感到富有，而你所有的积蓄都是短暂的，如果你不廉正诚实的话。用不实和欺骗来获得财富，就等于用沙子去盖房子，是不会长久的。

　　是啊，当你对自己诚实时，天下就没人能够欺骗你。一个人能在所有时间里欺骗一个人，也能在同一时间欺骗所有的人，但他不能在所有的时间里欺骗所有的人。欺骗永远战胜不了诚实。诚实助你漫游世界任何一个角落，不管是光明，还是黑暗。

## 做人秘语

　　唯诚可以破天下之伪，唯实可以破天下之虚，以诚实待人，非但益人，也可益己。

# 2. 修建自己的码头

　　要想有船来，就必须修建自己的码头。
　　真正的富人不仅会经营自己，更会经营别人。

　　每一群狼都有自己的领地，它们凭借嗥叫声和气味来划定疆界。几乎所有可以活动的地域都被狼群分踞了。每群狼都有一只头狼统治着它们，这些领地就是头狼的地盘，其他狼群或独狼是决不敢贸然闯入这些领地的。也正是因为头狼认识到了拥有自己地盘的重要性，才能在自己的地盘上坐享其成，享受统治者的一切资源。

　　动物对资源的认识也许只局限在食物和繁衍后代上，而对于人类来说，资源的外延可以扩展到无限大。每个人也都在自己的地盘上，或者是拥有资源的人，或者是被人拥有的人力资源。

你是愿意成为一个"人力资源"呢，还是成为支配资源的人？

　　有一个人一直想成功，为此，他做过种种尝试，但都以失败告终。为此，他非常苦恼，于是就跑去问他的父亲。他父亲是个老船员，虽然没有多少文化，但却一直在关注着儿子。他没有正面回答儿子的问题，而是意味深长地对他说："很早以前，我的老船长对我说过这样一句话，希望能对你有所帮助。老船长告诉我：'要想有船来，就必须修建属于自己的码头。'"儿子听了这话沉思良久。之后，他不再四处尝试，而是静下心来好好读书。后来，他成了令人羡慕的博士后。现在他根本不必四处找工作，倒是有不少公司经常打电话邀请他加盟，而且待遇好得惊人。

　　人生就是这样有趣，做人如果能够做到抛弃浮躁，锤炼自己，让自己发光，就不怕没有人发现。与其四处找船坐，不如自己修一座码头，到时候何愁没有船来停泊。

　　人是不满足于自己的处境的，这种不满足往往不是因为一日三餐吃不饱，而是不甘心于被人支配，谁都想拥有更多的地盘、更多的资源，也想有更多的支配权。地盘越大、支配权越大的人往往被认为生命越成功。

　　这也就是为什么有人宁做鸡头不做凤尾？一只鸡虽然渺小，但是作为一个独立的个体，鸡头可以决定一只鸡的生活方式。而凤尾不过是高级附庸，只占据配角位置，受制于凤头，服务于全体，作用并非举足轻重。

　　在这里不得不讲一下朱元璋的一个故事。

　　朱元璋在称帝之前是一个下等人，他能最后夺取天下，是他一个人无论如何都不可能完成的事情。在他的身边有很多才能卓越的人，可为什么只有朱元璋成功？就是因为他修建好了自己的码头。

　　当年朱升向朱元璋献上的九字箴言："高筑墙、广积粮、缓称王"，这就是朱元璋修建自己码头的最好诠释。"高筑墙、广积粮、缓称王"是怎样的策略呢？概括地说，就是要加强军事力量，保住自己的地盘，防守中立于不败之地；加强经济实力，以充足的给养支持军队和政权；不要过早地暴露称王称帝的意图，不到时机成熟决不轻易出击，以避免遭到竞争对手的嫉恨和攻击。

另外，朱元璋为了在错综复杂的形势下保护自己，避免消耗自己的实力，就在各股政治势力之间周旋。1357年，红巾军将领刘福通兵分三路北伐元军，一时间，"所在兵起，势相连接"。

然而，朱元璋此时却在划地自保，躲在后面，一直在悄悄发展自己的势力。他始终量力而行，尽量避免与元军发生正面冲突。不仅如此，而且在很长一段时间内，朱元璋与元军将领察罕帖木儿部之间的关系也十分密切。察罕帖木儿是元廷悍将，元朝得以暂时不亡，多赖察罕帖木儿支撑。察罕帖木儿趁山东各路豪强相互攻杀之机，挥兵东进，一路所向披靡。面对气势强盛的察罕帖木儿，朱元璋于该年八月派遣使者，致书察罕帖木儿，跟他拉拢关系。

所以朱元璋得以避开了察罕帖木儿的主力进攻，但各路北伐的红巾军却因此付出极大代价，最后相继失败。就是这样，朱元璋慢慢把天下变成了他的码头。

在和平和多元化的时代，现代人可能不再去想什么独霸天下之类的事，但谁都想在有限的生命里拼命地工作，赚更多的钱。可是靠自己的一双手，就是累死也只能糊口，所以真正的富人不仅会经营自己还会经营别人。

其实，成功者是不用工作就可以过得很好的人，怎样才能不工作就致富呢？他们知道要让别人为自己打工，就必须得有自己的码头。码头修好了，自然有船来靠。

如果把生意场比喻成大粮库，当你打通所有的关口，站在粮食堆前，有桶的人取出的是一桶米，有车的人拉出的是一车米，而只有一双手的人则只能得到一捧米。

买桶、买车对于各种不同的人来说，可能都是不小的投资，而且有了它们之后不一定能找到米装进去，这种投资带有很大风险。但成功者只要有了多余的钱，就会不断投资，扩大企业规模，把碗换成桶，把桶换成车，把车换成车皮，以求装到更多的米。结果也有两种，一是他的容器确实都装满了，成为一个成功的大老板；二是容器装不满，铺了很大的摊子，入不敷出，暂成了穷人，但只要有买桶与车的意识，一定还会有机会成为富人的。

所以，不会修建自己的码头、不会经营自己、更不会经营别人的人，只能让自己成为别人经营的对象，也习惯于被别人经营。

修建自己的码头去吧，从这一刻起。

**做人秘语**

你能看多远，你便能走多远。

与其四处找船坐，不如自己修一座码头，到时候何愁没有船来停泊。

# 3. 远离猜忌

聪明过了头，反而会被聪明所误。

精明宜深藏不露，喜怒要不形于色。

如果你能顺利地看透对方的本意，事情是不是就算完了呢？不，双方的斗智这时才真正开始。能透视对方的内心，只不过使你得到一种有利武器罢了，更重要的是，你要如何使用抓在手中的这把利器？如果不懂得使用的方法，只知道手拿利器乱挥乱舞，不但不能击中别人，相反的很有可能伤害到自己，因此切勿乱用这把容易伤人的利器。

一次偶然的机会，小王发现已婚的上司竟与某女同事大搞婚外情。小王装聋扮哑，一切装作不知，三缄其口。恰巧，一天小王约了朋友在某餐厅吃晚餐，当他踏入餐厅，却赫然见到他俩。小王非常镇静，环视了一下四周，看朋友还没到，就当做找不到人，离开那里，站在门外等他的朋友。

第二天返回办公室，对于昨天的"偶遇"小王当做若无其事，只管埋头文件堆。就是有同事私谈有关两人之事，他还是绝口不提。小王明白，有时候知道的事情太多并不是件好事，尤其是上司的隐私千万不能透露出去，否则就要大祸临头了。如果能够假装糊涂及时替上司掩饰其"污点"，则有可能被对方引为"恩人"，收到意想不到的回报。

当然，装糊涂不是真糊涂，这只是一种外在的态度。我们在装糊涂的同时，也应把握好糊涂与认真的界限，以防弄巧成拙。

对于自信心十足，甚至有些自负的人，不要直接谈到他的计划，可以提供类似的例子，从暗中提醒他。

要阻止对方进行危及大众的事情时，需以影响名声为理由来劝阻，并且暗示他这样做对他本身的利益也有害。

想要称赞对方时，要以别人为例子，间接称赞他；要想劝谏时，也应以类似的方法，间接进行劝阻。

对方如果是颇有自信的人，就不要对他的能力加以批评；对于自认有果断力的人，不要指责他所做的错误判断，以免对方恼羞成怒；对于自夸计谋巧妙的人，不要点破他的破绽，以免对方痛苦难过。

说话时考虑对方的立场，在避免刺激对方的情况下发表个人的学识和辩才，对方就会比较高兴地接受你的意见。

不用多说大家也会知道，以上的进谏方法，适合于下级对上级，也可适用于一般的人际关系。如果能够站在对方的立场，替他考虑分析的话，那么你就可以真正取得对方的信任。

总而言之，当自己看穿对方心意之后，千万不要露出破绽，装作不知道，让一切计划进行得很自然，这样才能保全自己。

齐国一位名叫隰斯弥的官员，住宅正巧和齐国权贵田常的官邸相邻。田常为人深具野心，后来欺君叛国，挟持君王，自任宰相执掌大权。隰斯弥虽然怀疑田常居心叵测，不过依然保持常态，丝毫不露声色。

有一天，隰斯弥前往田常府第进行礼节性的拜访，以表示敬意。田常依照常礼接待他之后，破例带他到邸中的高楼上观赏风光。隰斯弥站在高楼上向四面瞭望，东、西、北三面的景致都能够一览无遗，唯独南面视线被隰斯弥院中的大树所阻碍，于是隰斯弥明白了田常带他上高楼的用意。

隰斯弥回到家中，立刻命人砍掉那棵阻碍视线的大树。

正当工人开始砍伐大树的时候，隰斯弥突又命令工人立刻停止砍树。家人感觉奇怪，于是请问究竟。隰斯弥答道："俗话说'知渊中鱼者不祥'，意思就是能看透别人的秘密，并不是好事。现在田常正在图谋大事，就怕别人看穿他的意图，如果我按照田常的暗示，砍掉那棵树，只会让田常感觉我机智过人，对我自身的安危有害而无益。不砍树的话，他顶多对我有些埋怨，嫌我不能善解人意，但还不致招来杀身大祸，所以，我还是装着不明不白，以求保全性命。"

当一个人看透对方心意后，要决定采取何种行动都是相当困难的，其困难的程度或许更甚于透视对方心意。所以做人的智慧，当以明白自己该怎么做为第一大要，否则就会糊涂行事，不但办不成事，而且还会增添更多的麻烦。按照成功学的原理，为人处世必须牢记"明白"两字，才能明察秋毫，判断是非。否则眼前就会被"迷雾"笼罩。

不要让对方发觉你已经知道了他的秘密，否则完全失去了透视人心的意义。不过，如果故意要使对方知道你能看穿他心意的话，当然就不在此限之内。

因此，为了避免受到他人的猜忌，一定不要显示自己的聪明，要学会装糊涂。

有些人属于假聪明，却并不自知，其结果可想而知。

一切智术都须加以掩盖，因为它们招人猜忌。

切忌把自己当成绝顶聪明人。

# 4. 不露锋芒，一生平安

中国人世俗的法则——枪打出头鸟。

木秀于林，风必摧之。

有人说，做人犹如打麻将，因为打麻将的秘诀在于伪装自己，使对方不能猜出自己手上的牌。所以，愈是高手，愈能伪装自己，同时也愈能识破对方的伪装。打麻将有"方城之战"的代称，形容它是和战争一样，需要运用机智和战略来战胜别人。所以，打麻将的时候，一旦被对方看穿你的底牌，就稳输无疑。

孔子年轻的时候，曾经受教于老子。当时老子曾对他讲："良贾深藏若虚，君子盛德，容貌若愚。"即善于做生意的商人，总是隐藏其宝货，不令人轻易见之；而君子之人，品德高尚，而容貌却显得愚笨。其深意是告诫人们，过分炫耀自己的能力，将欲望或精力不加节制地滥用，是毫无益处的。

作为一个人，尤其是作为一个有才华的人，要做到不露锋芒，既有效地保护自我，又能充分发挥自己的才华，不仅要说服、战胜盲目骄傲自大的病态心理，而且凡事不要太张狂太咄咄逼人，更要养成谦虚让人的美德。所谓"花要半开，酒要半醉"，凡是鲜花盛开娇艳的时候，不是立即被人采摘而去，也就是衰败的开始。人生也是这样。当你志得意满时，切不可趾高气扬，目空一切，不可一世，这样你不被别人当靶子打才怪呢！

信陵君是魏王的异母兄弟，在当时名列"四公子"之一，知名度非常高，因仰慕他之名而前往的门客，达 3000 人之多。

有一天，信陵君正和魏王在宫中下棋消遣，忽然接到报告，说是北方国境升起了狼烟，可能是敌人来袭的信号。魏王一听到这个消息，立刻放下棋子，打算召集群臣共商应敌事宜。坐在一旁的信陵君，不慌不忙地阻止魏王，说道："先别着急，或许是邻国君主围猎，我们的边境哨兵一时看错，误以为敌人来袭，所以升起烟火，以示警诫。"

过了一会儿，又有报告说，刚才升起狼烟报告敌人来袭，是错误的，事实上是邻国君主在打猎。

于是魏王很惊讶地问信陵君："你怎么知道这件事情？"信陵君很得意地回答："我在邻国布有眼线，所以知道邻国君王今天会去打猎。"

从此以后，魏王对信陵君逐渐地疏远了。后来，信陵君受到别人的诬陷，失去了魏王的信赖，晚年耽溺于酒色，终致病死。

任何人知道了别人都不晓得的事，难免会产生一种优越感，但必须隐藏起来，以免招祸，像信陵君这样知名的大政治家，因一时不知收敛而导致终身遗憾，岂不可惜？

锋芒太露而惹祸上身的典型在旧时是为人臣者功高震主。打江山时，各路英雄汇聚于一个人手下，锋芒毕露，一个比一个有能耐。主子当然需要借这些人的才能来实现自己图霸天下的野心。但天下已定，这些虎将功臣的才华不会随之消失，这时他们的才能成了皇帝的心病，让他感到威胁，所以屡屡有开国初期滥杀功臣之事，所谓"杀驴"是也。韩信被杀，明太祖火烧庆功楼，无不如此。

你不露锋芒，可能永远得不到重任；你锋芒太露却又易招人陷害。虽容易取得暂时成功，却为自己掘好了坟墓。当你施展自己的才华时，也就埋下了危机的种子。所以才华显露要适可而止。

汉代高祖时期，吕后采用萧何之计，谋杀了韩信。当时高祖正带兵征剿叛军，闻讯后派使者还朝，封萧何为相国，加赐五千户，再令五百士卒、一名都卫做相国的护卫。百官都向萧何祝贺，只有陈平表示担心，暗地里对萧何说："大祸由现在开始了。皇上在外作战，您掌管朝政。您没有冒着箭雨滚石的危险，皇上却增加您的奉禄和护卫，这并非表示宠信。如今淮阴侯（韩信）谋反被诛，皇上心有余悸，他也有怀疑您的心理。我劝您辞掉封赏，拿出所有家产去辅助作战，这才能打消皇上的疑虑。"一语惊醒梦中人。萧何依计而行，变卖家产犒军，高祖果然高兴，疑虑顿减。

不久，黥布谋反，高祖御驾亲征，此间派遣使者数次打听萧何的情况。回报说："正如上次那样，相国正鼓励百姓拿出家产辅助军队征战呢。"这时有个门客对萧何说："您不久就会被灭族了！您身居高位，功劳第一，便不可再得到皇上的恩宠。可是自您进入关中，一直得到百姓拥护，如今已有十多年了，皇上数次派人问及您的原因，是害怕您受到关中百姓的拥戴。现在您何不多买田地，少抚恤百姓，来自损名声呢？皇上必定会因此而心安的。"

萧何觉得说的很有道理，就依此计行事。高祖得胜回朝，有百姓拦路控诉相国。高祖不但没有生气，反而高兴异常，也没对萧何进行任何处分。

古人云："鹰立如睡，虎行似病，正是它攫鸟噬人的法术。故君子要聪明不露，才华不逞，才有任重道远的力量。"这就是"藏巧于拙，用晦而明"。一般而言，人性都是喜直厚而恶机巧的，而胸有大志的人，要达到自己的目的，没有机巧权变，又绝对不行。因此，既要弄机巧权变，又不能为人所识破、所防范、所厌恶，就应有鹰立虎行如睡如病、不露锋芒的做人智慧和策略。

深藏你的拿手绝技，你才可永为人师。因此你演示妙术时，必须讲究策略，不可把你的看家本领通盘托出，这样你才可长享盛名，使别人永远唯你是依。在指导或帮助那些有求于你的人时，你应激发他们对你的崇拜心理，要点点滴滴地展示你的造诣。含蓄节制乃生存与制胜的法宝，在重要事情上尤其如此。

这个世界上才能高的人很多，但善于隐藏锋芒的人却不是很多，同样一部《三国演义》，死于曹操手下的才高八斗之士数不胜数，如祢衡之流，皆因他们不善于隐藏自己才命丧黄泉。无论才能有多高，都要善于隐匿。

所以，一定要谨记：不要把自己看得太了不起，不要把自己看得太重要，不要把自己看成是救国济民的圣人君子，还是收敛起你的锋芒，掩饰起你的才华吧。

**做人秘语**

不露锋芒是自我保护的重要手段，它会减少遭到别人暗算或报复的机会。

才华出众而喜欢自我炫耀的人，必然会招致别人的反感。

# 5. 藏巧于拙，保全之道

藏巧是一种做人方法。

性有巧拙，可以伏藏。

"精明"这个词，在上海话中另有一个相应的字眼叫"门槛"，上海人对处事精明过人者往往称之为"门槛精"。反之，则是"门槛不精"。然而，何谓"门槛精"，又很难有一个客观的标准。与此同时"精明"而不聪明又是不少外地人对一部分上海人的评价。然而，这种不聪明的"精明"，实在算不上是真正的精明。

那么，什么是真正的精明呢？

外相敦厚，对人处世绝不以精明自居，甚而让人感觉有些傻乎乎，但骨子里却是十分精明者。这种人，往往让人产生一种高度的信任感。这种精明，是最高层次的精明，所谓"精明不外露"，以及"大智若愚"，就是这个意思。

有一个愣头愣脑的流浪汉，常常在一个市场里走动。市场里有很多卖菜的，还有卖水果的，每天人来人往的，有很多人。由于那个流浪汉经常来这里，说起话来总带一些傻气，大家都以为他是傻瓜，因此很喜欢与他开玩笑，并且想出不同的方法捉弄他。

市场里常常有一些人想看他到底傻到什么程度，于是便在手上放了两张钱币，一个5角的和一个1元的，让流浪汉来挑一个拿走。流浪汉对着这两张钱币，思考了半天，最后选择了5角的拿走。

那些捉弄他的人，看到他竟然傻到连5角和1元都分不清楚，都捧腹大笑。从此，那些人只要每次看他经过，都用这个手法来取笑他，而他倒也觉得很开心，能够见到大家笑，他以为是件非常高兴的事情。于是，每次让他挑钱币的时候，他从未让大家失望过，每次都会拿走5角的。

过了一段时间，一个善良的老妇人看他可怜，每次都被人欺负，便决定帮他，就叫住他说："我教你怎样区分5角和1元，以后他们再取笑你，你就拿1元的让他们看看。"

流浪汉露出狡黠的微笑对老妇人说道："不，谢谢您，我知道怎么区分，我如果拿1元的话，他们下次就不会再让我挑选了。"

老妇人听到他的话才知道：他并不傻，而是那些人傻。

一个人拥有高智商、强能力，固然是件好事，可以说，这是上天赐予的良好天赋。有了它，便可以在社会竞争中如鱼得水，游刃有余。

然而，由于事物的复杂多样，环境的不断变化，在某些时候，利与弊会不知不觉地转换。这样，就要求我们必须随时以清醒的头脑注意了解自己，掌握对方和周围环境，掂量利和弊，而不是一味地以一般的经验办事。

当你新进入一个机关，一切都是崭新而陌生的，这一阶段你最关键的任务并不是创出什么大的成绩来，而是要实现与领导和同事的人际磨合，为其所容纳。你莫要把力气用错了地方。只有先站得住脚，你才能够谈得上干事业。

要知道，领导往往喜欢谦虚的下属，而不喜欢爱表现自己的下属。下属如果急于表现自己，会让领导觉得你好出风头、有个人主义倾向，不利于机关内部的团结和稳定，因而他肯定不会支持你。此外，急于表现自己，往往会使你得罪同事，由于领导要依靠这些熟悉情况的人干工作，他也会照顾一下他们的情绪，他很可能会批评你，给你一些小的教训，作为警示。

初来乍到，你不要过分表现自己的言行。如果你的目的是显而易见的，那就会使自己显得比别人更能干、更高明，这样只会增加同事的威胁感，联合起来对付你，使你陷于孤立窘境，甚至是在领导面前说你的坏话。

独立的见解是一个人胆识、经验、能力和态度的综合反映，领导决策时很希望下属出谋划策，想出一些"点子"借他参考。当然，这些见解并不一定被采纳，但它至少可以启发领导的思路，帮助领导修正他的决策。你要恰如其分地发表自己的独立见解，只有这样，领导才能重视你。而对有明显性格缺陷的领导，积极配合其工作是上策。

有些领导原来基础就较差，专业知识不精。这样的领导，在下属心目中的位置并不高，但对下属的反应却格外敏感。你不妨抓住他的这一弱点，借鉴他多年的工作经验，以你的才干弥补其专业知识的不足，在服从其决定的同时，主动献计献策，既积极配合领导工作，表现出对领导的尊重，又能适当展现自己的才华。

一般情况下，领导的注意力更多地集中于才华出众的"精英"型下属身上，他们服从与否，直接决定领导的决策执行水平和质量。所以，如果你真有能力，正确的方法不是无视领导，而应认真去执行领导交办的任务，妥善地弥补领导的失误，在服从中显示你不凡的才智，这样，你就获得了优于他人的优势。

刚走上岗位，往往缺乏必要的社会经验和工作阅历，许多事情还不知道、不明白或看不破、看不准，因此，你急于表现自己的行为只能显示自己的不成熟，并不能产生慑服众人的效果。甚至你的某些自鸣得意的小花招也逃不过领导的眼睛。

记住，必须把处理好人际关系放在一个十分优先的地位，而对工作只要尽心尽力即可。

保存你的能量是一种藏巧。在大多数的情况下，才不可露尽，力不可使尽。即若有本领，也应适当保留，这样，你会加倍地完善。永远保存一些应变的能力，适时藏巧比全力以赴更值得珍贵。人若有这样的智慧总能稳妥地驾驭航向。

## 做人秘语

不懂得藏巧，即使能力再强、智商再高也难以战胜对手，甚至还会招来杀身之祸。

在大多数的情况下，才不可露尽，力不可使尽。

# 三、借力使力，智取之道

荀子曰："假舟楫者，非能水也，而绝江河；假舆马者，非利足也，而致千里；君子生非异也，善假于物也。"一个人的力量是有限的，成功的光环需要个人的努力，也需要善于借助外物。巧借他人之力，行自己之意，只要"借"得恰当，不仅能事半功倍，甚至还有可能不费吹灰之力就能成就伟业。

## 1. 借贵人助自己成功

成功需要贵人。

没有贵人，你的"网"就无法伸展。

社会如同一张网，交织点都是由人组成，我们称为人脉。贵人，就是人脉中承上启下的交织点。没有贵人，你的"网"就无法伸展。贵人是你的"福音"。一个人要想成功，往往离不开贵人的鼎力相助。贵人所给予我们的一次扶助、一次机会、一句话甚至一个眼神，通常都不是我们用聪明、努力或者金钱可以替代的。因此，寻找贵人，依靠贵人，常常能够缩短你的奋斗时间。寻觅自己的贵人，并充分挖掘其内在的潜能，会为你的一生带来好运。

马军原是一个小县城的高中教师。他有一个远亲是省直机关的官员。一年寒假，马军去给哥哥送土特产，正遇到哥哥处里的一位处长来喝酒。席间，马军与这位处长边饮边谈，大有

"酒逢知己千杯少"之感。处长乘兴许诺，如有机会帮他调到省城。

马军就势施以"攀"术，想方设法常去省城看这位处长，每次去拜访时总是捎带一点土特产。这样点点滴滴的情感交流，感动了处长，一年之后，这位处长将马军借调到他们处，负责接待工作。

3个月后，京城一位高官来省城接受治疗。省委办公厅要为这位德高望重的老人找一个临时生活秘书，这项工作竟然落到了马军头上。

从此，马军的命运便因这位老人发生了质的变化。

马军殷勤备至，给老人以无微不至的关怀和照顾。他细致入微地观察老人的性格和习性，发现老人很喜欢读传记文学，就到书店给买来《拿破仑传》等。老人爱看《参考消息》，马军每天都及时地从报摊给老人买一份。

天气晴朗的时候，他会搀扶着老人在林荫小路上散步，并向老人讲当地的风土人情。每天早晨他都将早点端到老人房间，并将老人最爱喝的乌龙茶给及时泡上。

另外，他会及时地安排老人服药，做保健锻炼。

转眼间3个月过去了，老人即将回京。回京前，老人和省里的领导进行了一次谈话。谈话时老人重点谈了马军的事情。不久，马军就正式成为一位副省长的秘书。从此，马军升迁不断。

在现实生活、工作中，每个人不可避免地要与人打交道，或是亲朋好友，或是上司同事，或是与陌生人从不相识到相识。人生是一篇大文章，有时借助贵人帮助，可以把这篇文章写得气势磅礴。

生意场上，初创业者往往起步艰难，如果能得到事业有成的人的帮助，一定会飞得快，跑得远。因此，你的交际圈子中有几位贵人为你"呼风唤雨"是非常重要的，但你该如何与他们接触，并如何让他们喜欢你呢？

在胡雪岩的商业经营活动中，他十分注重借势经营，与时相逐。他的商业活动，十有八九是围绕取势用势而展开的。他从不放弃任何一个取势用势的机会，从而不断地拓展自己的地盘，张扬自己的势力。胡雪岩总结出自己的一套商业理念，即"势利，势利，利与势是分不开的，有势就有利。所以现在先不要求利，要取势"。

在胡雪岩第一次做丝茧生意时，就遇到了和洋人打交道的事情，并且遇见了洋买办古应春。二人一见如故，相约要用好洋场势力，做出一番规模来。胡雪岩在洋场势力的确定，是他主管了左宗棠为西北平叛而特设的上海采运局。上海采运局可管的事体甚多。牵涉和洋人打交道的，第一是筹借洋款，前后合计在 1600 万两以上，第二是购买轮船机器，用于由左宗棠一手建成的福州船政局，第三是购买各色最新的西式枪支弹药和火炮。

由于左宗棠平叛心坚，对胡雪岩的作用看得很重，凡洋务方面无不要胡雪岩出面接洽。这样一来，逐渐形成了胡雪岩的买办垄断地位。洋人看到胡雪岩是大清重臣左宗棠的可信之人，所以也就格外巴结。生意一做就是二十几年，这也促成了胡雪岩在洋场势力的形成。

洋人认准了胡雪岩，不不大相信不相干的人。江南制造总局曾有一位买办，满心欢喜中接了胡雪岩手中的一笔生意，却被洋人告之，枪支的底价早已开给了胡雪岩，不管谁来做都需要给胡雪岩留折扣。

综合胡雪岩经商生涯看，其突出特点就在他善于借助"贵人"。

人不是凭单独一己之力成功的，持有凭一己之力便能成功的想法，那是夜郎自大。

个人的力量，毕竟有限。能成功的人往往最知道如何借助别人的力量。当他遇到困难，非自己能解决时，就知道如何获得贵人的援助。

为了梦想，你要睁大眼睛，学会观察周围的人，不停地寻找一切对你有帮助的不平凡的贵人。每一个不平凡人的不平凡人生，都是一部奇书，你要学会阅读这一部部奇书。

如果这样，你将会惊讶地发现周围有很多不平凡的人，他们都将给你的人生以莫大的帮助。

**做人秘语**

寻找不平凡的人。

不平凡的人会带给你不平凡的人生。

## 2. 树立完美的形象

人的形象往往影响一个人的命运。

完美的形象能使人着迷，产生好感。

在与人交往的过程中，人们非常注意形象：第一次和某个陌生人接触，第一次同异性约会，第一次受委托替别人做事情，第一次同他人合作，第一次到公司上班，第一次跟领导见面，等等。如果第一次印象颇佳或者比较满意，其心理上所形成的认识定势，往往会极其深刻，甚至是先入为主地影响日后的交往或者以后的看法。这一心理学上被称为形象效应。

无论是商界还是职场，无论是工作还是休闲，无论是人际沟通还是情爱天地，都需要你有良好的形象。一个良好的形象，可以展示给人们你的自信、尊严、力量、能力，它并不仅仅反映在别人的视觉效率，同时它也是一种外在辅助工具，它让你对自己的言行有了更高的要求，能立刻唤起你内在沉积的优良素质，通过你的、微笑、目光接触、握手等一举一动，让你浑身都散发着一个成功者的魅力。成功的形象对你事业的成功起着推波助澜的作用。对于那些追求成功的人，树立一个可信任、有竞争力、积极向上、有时代感的形象，可以使你在任何群体中都能获取公众的信任从而脱颖而出。

现代生活的节奏快，人和人的接触短暂，往往我们只有一个机会告诉另外一个人我们是谁，在商业、政治和恋爱等交际场合中，语言和文字常常不够使用，我们得用衣着服装来表明自己的个性和意向。

心理学家研究表明，服装对人心理有着重要的影响。服饰是否有魅力直接关系到个人形象与威信的确立与否。

可以这样说，没有得体的服饰，就没有自身良好的形象。

每一个向往获得成功、渴望赢得尊敬的人都重视衣着。"什么样的衣着决定什么样的性格。"穿戴整洁的意识形成优雅从容的风度，而衣衫褴褛、衣冠不整使人感觉龌龊、猥琐和局促不安，缺乏尊严和庄重感。我们的衣着会影响我们的情绪和自我感觉，任何有这种体会的人都知道这一点——谁又没有过这种体会呢？穿着合身的新衣，让人精神焕发，春光满面。别扭、肮脏的衣服有损人的精神状态和风度。

一位企业家这样说道："在商界，企业家最初的合作看什么？其实很大的成分看衣着。有一次，我想开发一种新的产品，一位朋友给我介绍了一个合作伙伴。见面的那天，他穿着西装，里面没穿衬衣，只穿了一件圆领衫，手里拎着一个手机。"

"我当时看着就很别扭。你想想，西装是多正式的着装，他穿了件圆领衫来配。还拎着个手机。典型的暴发户形象，我当时就决定，不与他合作。后来，朋友说，他真的很有钱，而你正缺钱。我说，我缺钱不假，可是合作伙伴这个人才是主要的。他出钱他要参与，要管理，要与我共同决策，他的水平直接影响到我的生意，所以我不会选择他。"

莎士比亚说："衣装是人的门面。"这一说法得到了全世界的认同。许多人经常因为他们不得体的穿着而备受指责。初看起来，仅凭衣着去判断一个人似乎肤浅轻率了些，但经验一再证明：衣着的确是衡量穿衣人的品位和自尊感的一个标准。渴望成功的有志者应该像选择伴侣一样谨慎地选择衣装。西方古谚云："我根据你的伴侣就能判断你是什么样的人。"某个哲学家也说过一句精妙的话："让我看看一个妇女一生所穿的所有衣服，我就能写出一部关于她的传记。"

高尚的理想、活泼健康的生活和工作本身与个人卫生的不整洁都是势不两立的。一个忽视洗澡的年轻人也会忽视他的心灵，他会很快全面堕落。一个不注意仪表的年轻女人很快就无法取悦于人，她会一步步堕落成一个不思上进的邋遢女人。

无论如何，衣着得体都是有益无害的。穿着合身的衣服令人精神振奋。不管你的自制力有多强，你都会受到周围环境的影响。如果你衣衫不整、不修边幅、房间凌乱、随随便便，那么你很快会发现自己的思想会一路下滑，会松弛懈怠，变得像你的身体一样邋遢凌乱，缺乏生气。相反，当你忧心忡忡、身体不适、无心工作的时候，你不是身穿睡衣无所事事地躺在床上，而是去洗一个热水澡或是来一次桑拿浴，然后换上一身新衣，像是去赴盛大宴会一般仔细修饰一番，那么你就会有脱胎换骨的感觉。在你穿完衣服之前，你的忧伤和病恹恹的情绪十有八九会消逝得无影无踪，你的精神面貌已焕然一新。

形象，也并不是一个简单的穿衣和外表长相的概念，而是一个综合的全面素质，外表与内在结合的、流动的印象。

形象的内容包含的太丰实了，它包括你的穿着、言行、举止、修养、生活方式、知识层次、家庭出身、你住在哪里、开什么车、和什么人交朋友等等。它们在清楚地为你下着定义——无声而准确地在讲述你的故事——你是谁、你的社会位置、你如何生活、你是否有发展前途……形象的综合性和它包含的丰富内容，为我们塑造成功富有的形象提供了很大的回旋空间。

比如，站立、步行、端坐，虽然都是单纯的动作，但是，能站得挺直、走得雄伟、坐得端正的人并不多见。出现在人前，是一副萎缩模样的人，坐下来时，也是不自然地伸长了身体，极为懒散不堪。心性率直，凡事不在乎的人，则是将全身的重量，一股脑地压在椅子上。这些动作，即使是看在至亲好友的眼里，也会颇不以为然。标准的坐姿是要有愉快的心情支撑的，由外观之，这种姿势并非使尽全力，而是轻松地坐下来，不是采取身体僵硬不动的姿势，而是非常自然的动作。你大概能做到这一点吧！若是不能，应该尽可能练习，以达到接近标准的动作。此种看起来微不足道的动作，但它无论是对女性还是男性的心，都会产生深深的吸引。在工作场所这种情形也相同。优雅的站立动作，能打动多少人的心，这是我们所熟知的事。

所以，树立完美的形象，就是在获取成功。

**做人秘语**

给人留下一个美好的印象。

莎士比亚说："衣装是人的门面。"

# 3. 巧妙借用别人声望

己所难措，假手于人。

借他人之力为自己图谋。

狐狸虽然是非常聪明的动物，但由于它没有力气，个子矮小，因此处境不利。在森林中，狐狸得不到尊敬，没人真正把它放在眼里。为了克服这一点，对于狐狸来说，最好的一个办法就是说服老虎与它做朋友。通过与力大无比、令人敬畏的老虎密切交往，狐狸可以伴随老虎左右在丛林中四处行走，而且享受丛林动物们给予老虎的同样的提心吊胆的尊敬。即使老虎不在狐狸身边，得知狐狸与老虎交往甚密，也足以保证狐狸在旷野中得以生存。

狐狸这种做法，便是典型的借光。这个狐假虎威的中国古代智谋，原指狐狸仗着老虎的威风吓唬别的野兽。一般狐假虎威之谋，在世人眼中似乎不算奸诈，主要有狡猾之感，指仗着别人的威力欺压人。这种计谋与常说的"狗仗人势"、"拉大旗作虎皮"、"挟天子以令诸侯"、"借刀杀人"虽很接近。但从谋略学的角度看，指阴谋家借助外力增长自己的势力威风，达到战胜对手的目的。

在现代社会，这种手法已被政治、经济、文化以及外交等领域广泛运用，而且大有日趋扩展之势。对于人际交往而言，它不失为一种提高自身形象、扩大自己影响的策略和技巧。

《兵经百字·借字》云："己所难措，假手于人，不必亲行，坐享其利；甚至以敌借敌，借敌之借，使敌不知而终为借，使敌既知而不得不为我借，则借法巧也。"借他人之力为自己图谋，是做人的一个重要策略。

被社会承认，是人的正当追求，对社会进步也有积极意义，而借助名人提高自己的社会知名度，就是被社会所承认的方式之一。同时这也是寻找"朋友"、建立新关系的策略，不失为做人处世的一种好方法。

许多商业广告喜欢用名人而不惜重金，实际上就是借力策略的应用。有头有脸的人都喜欢用的东西，普通人心理上容易认同："我和××用的是同一个品牌的。"从人类的心理上讲，人们往往都倾向于这一点，认为自己找对了"路子"。因此，同样是消费，多一层名人的光环，自然很多人愿意借这个光。

商业上的成败是由细节决定的，很多时候会出现这种情况，明知道过了这一关后，可以挣大把大把的钱，但往往就在这一关口上卡住了，这个时候如有贵人相助，接下来就一帆风顺了。

有一次，一个美国出版商为仓库里堆积如山的图书卖不出去而发愁，忽然他眉头一皱，计上心来，他决定在总统身上大做文章。几天后，他通过朋友送给美国总统一本样书。总统看到了这本书，他可没有时间去仔细地看它，只浏览了几页，便漫不经心地说："这本书不错。"出版商闻讯，利用总统这句话大做广告，一个月内把积压图书全部卖光。

后来，又有一批图书积压，该出版商因尝到了甜头，又给总统寄了一本样书。这一回，总统不给面子了，评论道："这本书糟透了！"于是，该出版商在广告中大肆宣传："本公司有一本总统认为很糟糕的书出售！"不久，该书销售一空。

半年后，该出版商又遇到了图书积压的难题，他像以前一样如法炮制，寄给总统一本样书。这一回，总统学聪明了，干脆对他的书一言不发。于是，该出版商在广告中写道："这里有一本总统难以评价的书出售！"结果，所剩图书一销而尽。

结交名人之心大部分人都有，谁不希望有个声名显赫的朋友：一个明星，或者随便什么大人物。如果能跻身于他们的行列，自己也便沾上了荣耀，在别人眼里也就身价大增了。

翻开历史史册，古往今来的成功者，谁都不是一生下来就大名鼎鼎，一出山就风光耀眼，一呼百应的。他们大多数总是先隐蔽在某些大人物的后面，借他的面子来笼络各路豪杰，借他的声望来壮大自己的声势。

巧借他人的力量和威名以达到自己的目的，这是一种韬略。

借权贵名流为自己所用，只是借光的常见形式，实际上凡是能让我们为人做事增光添彩的人、物、事、情，都是借光的范围。那么，在现实生活中，什么东西是可以"借光"的呢？

你可以巧借闻名地点，如有地位有身份的人常去的地方，你不要不好意思表白，这也可以作为提高你的身份和能力的资本；巧借名人，如在交谈中常出现一些身份最高的人的名字，你在别人眼里就不同寻常；巧借名言，如，请社会名流为你题词作画，请专家教授为你著的书作序，请明星为你签个名等等。这些做法虽然有沽名钓誉之嫌，其实这是一些人"敢为天下先"，是人的正当追求，而借助名人提高自己的社会知名度，也越来越成为被社会所承认的成名方式之一。

由此可见，一个有声望的人即使把平淡的一个字送给了你，也要比一千个普通人长篇大论地给予你的赞美更有威力。

## 做人秘语

借他人之势，扩大自己的影响。

借他人之势，达到自己的目的。

## 4. 借力战胜对手

兵不钝而利可全。

借敌之力，以敌制敌。

借助别人的力量或者假他人之手打败对手、成自己之谋的策略，在古代帝王争夺天下的活动中是常见的。从另一个角度来说也不失为人类智慧之一。事实上，古今中外成功的借敌战例数不胜数。《兵经百字·借》中对这种方法作了较全面的阐述。书中说："艰于力则借敌之力，难于诛则借敌之刃，乏于财则借敌之财，缺于物则借敌之物，鲜军将则借敌之军将，不可智谋则借敌智谋。何以言之？吾欲为者诱敌役，则敌力借矣；吾欲毙者诡敌歼，则敌刃借矣；抚其所有，则为借敌财劫其储；令彼自斗，则为借敌之军将；翻彼着为我着，因彼计成吾计，则为借敌之智谋。"意思是说：自己的力量不够，就要设法借用敌人的力量；直接杀敌人有困难，就要设法借用敌人的刀斧；

缺乏金钱，就要设法借用敌人的金钱；缺乏物资就要设法借用敌人的物资；自己缺乏兵将，就要设法借用敌人的兵将；自己智谋行不通的时候，就要设法借用敌人的智谋。

在春秋时期，卫国的州吁杀死同父异母的哥哥卫庄公，篡夺了王位。但他怕百姓不服，就让自己的好友石厚去向他的父亲石碏求计。

石碏是卫国的老臣，早已辞官在家，听说这件事后，想借他人之手除掉这个叛臣贼子。于是就说："安定君位并不难，只要州吁去朝见周天子，取得合法地位，百姓也就没什么可说的了。"石厚问怎样才能见到周天子，石碏告诉他们先去朝见陈桓公，让他出面代为请求，就一定能够达到目的了。同时，石碏又写了一封信暗中派人送给陈桓公，列举了州吁弑君篡位和石厚助纣为虐的罪行，说明自己年事已高，力不从心，请桓公趁机除掉他们。陈桓公见信心领神会，等州吁、石厚上门时，就把他们抓了起来，捎信给卫国，让卫国派人处决了他们。

当自己遇到难以处理的事情时，可以借助他人的手去做，无需自己亲自动手，便可坐得其利，使他人不知不觉为我所用，这便是"借力使力、成己之谋"的真谛。

实际上，乒乓球中的每一次击球，都是借力与发力融为一体的结果，区别无非是借力多一点还是发力多一点。之所以能够借力，多数是因为对方来球本身有相当的前进力，撞拍后有自然反弹的趋势。因此，如果对方来球之力是七分，我方合理借力后，自身只需要发四到五成力，回球同样有七分的效果，典型的运用如反带、快撕、反拉、打回头等。也有例外，如高抛发球，不是借对方来球之力，而是借球下落过程中重力加速之力，以提高发球质量。借力中发力的妙处，在于能够减少自身力量的无谓消耗，减小动作幅度，加快击球速度，从而起到四两拨千斤的作用。

太极拳推手不尚用力，而尚借力，即借用对方之反应力也。

推手高手能顺势借力，周旋自如。低手则枉用气力，处处受制，且愈动愈沉，非但不能前进，甚至有灭顶之虞。

在武术格斗中，借力打力是最高的境界；在官场中，借力打力则是最高的权谋。

在古代复杂的军事斗争中，智高一筹的谋略家，为了达到目的，常常采取借力打力之术，利用外力去击败对手。

朱元璋占领了太平后，元朝派大批人马赶来围攻。同时，另一处方山寨的所谓"义军"几万人，在元帅陈埜先的率领下趁火打劫，也来进攻太平。

于是，朱元璋派徐达潜到方山寨"义军"的背后，前后夹击，结果，方山寨"义军"大败，陈埜先被擒。朱元璋收降了他，但他却是假投降，对此朱元璋也有戒心。

朱元璋把陈埜先原来手下的兵马给了张天澈，张天澈带领着这些军兵攻打集庆，结果是大败而归。原来，陈埜先曾暗中写信给他的旧部下，说自己是假投降，要他们打仗不要出力，等自己脱身之后，再回过头来对付朱元璋。

朱元璋知道这件事后，他没有暴跳如雷，而是非常沉着冷静，成功地导演了一场一石三鸟的精彩好戏。既解了陈埜先这个"外忧"，也为自己除去了张天澈和郭天叙这两个"内患"。

朱元璋找来陈埜先，对他说："人各有志，如果你不愿意为我服务，那就随你的便，我朱元璋不会为难你。"陈埜先立刻反应过来，说自己绝无二心。

朱元璋顺水推舟，就让他领着自己的旧部人马去攻打集庆。陈埜先自然非常欢喜，他到了距集庆不远的板桥后安营扎寨，派人去集庆城，与守将勾结在一起，根本不攻打集庆。

在朱元璋的精心安排下，张天澈和郭天叙带着自己人马赶到集庆，和陈埜先的兵马一起进攻集庆。张天澈和郭天叙攻打的是东门，陈埜先假攻的是南门。

于是，集庆守将把大部分兵力集中在东门，抵抗张天澈、郭天叙两人。他们攻城多次，都没有结果。而陈埜先这边，却说要犒劳军士，请张天澈和郭天叙到自己的营中来喝酒。就在宴会中，陈埜先抓住张、郭两人，杀了张天澈，把郭天叙押到集庆，后来被集庆守将福寿处死。两位主帅一死，陈埜先与福寿内外夹攻，义军大败。

朱元璋借陈埜先之手杀死了张天澈和郭天叙，成就了自己，把他们原来的兵马全部转到自己手下，而朱元璋也终于当上了义军的最高头领。

我们再来看一个例子：

战国时期，郑桓公准备攻打邻国，先派人探查邻国的英雄豪杰、忠臣良将和智谋高超、骁勇善战的人，一一列出名单。并承诺一旦打下邻国，将把邻国的良田分送给他们，并分封官爵。然后，郑桓公又在邻国城外设立祭坛，把写下的名单埋在土里，以鸡、猪血祭之，对天盟誓，永不负约。邻国国君知道此事后，以为自己国内有人要叛国，一怒之下，把郑桓公所列名单上的人全都杀掉了。郑桓公乘机兴兵攻打邻国，不费吹灰之力就夺取了邻国。

只要我们能以智取胜，懂得借力打力，很多时候，我们不费太多力气，便能轻松达到我们期望的目标。

**做人秘语**

自己的力量不够，就要设法借用敌人的力量。


# 5. 借事造势，突出优势

借时造势，借事造势能产生"四两拨千斤"的效果。

善战人之势，如转圆石于千仞之山者，势也。

借事造势，是做人的又一种策略。运用借事造势法，要"借"得自然，即所借事物与真正表达的事理要正好契合。

在竞选国会议员时，刘易斯·艾伦与陶克遭遇。陶克是美国南北战争时期的北军将领，战功卓著，并担任过数届国会议员，而艾伦则是一名士卒出身、默默无闻的人。在竞选演说时，陶克充分发挥自己的优势，他说：

"诸位亲爱的同胞们记得，17年前的昨夜，我曾带兵在山上与敌人进行过血战，在山上的树丛中露宿了一夜。如果诸位没有忘记那次艰苦卓绝的战斗，诸位在投票时，请不要忘记吃尽苦头为国家带来和平的人。"

选民们被打动了，他们高呼"我们要陶克"！陶克将军仿佛胜利在望。就在此时，艾伦登场了。他说："女士们，先生们，陶克将军没说错，他的确在那场战斗中立了战功。但当时，我是他手下的一员小兵，代他出生入死，冲锋陷阵。当他在树丛中安睡时，是我携带武器整夜保护他。诸位如果同情陶克将军，当然应该选举他。反之，如果同情我，我可以对于诸位的信任当之无愧！"

艾伦的一席话从容不迫，有理有力，寥寥数语便扭转乾坤，转败为胜。在当时的情况下，如果艾伦绕开南北战争，等于默认了陶克的功勋，如果正面否定陶克的功绩，违背事实，会引起听众的反感，而艾伦却巧妙地借用了陶克的话题，你谈南北战争，我也谈南北战争，而且把将领在战争中常常拥有的特殊待遇和普通士兵的出生入死、艰苦卓绝作对比，几句话便使陶克失去优势，令听众口服心服。

当对方提出的问题是一个难以驳倒的事实，而且既无法反驳，又不能逃避时，可借用对方提供的话题换一个角度来陈述己见，从而突出自己的优势并攻击对手的弱点，最终战胜对方。

借事造势的手段实质是迂回攻击，不搞兵临城下、正面压迫。

使用借事造势方法，首先，要注意借题技巧。信手拈来，没有矫揉造作故弄玄虚的嫌疑。所借之题一定与进谏的主题有所联系，使之在展开的过程中有发挥的余地。所借之题与主题没联系，硬扯到一块，"发挥"的本领施展不开，目的就无法达到。其次，注意发挥要好。所借题中包含的理一定要阐发清楚、充分。

当自己处于受攻击的地位时，还可以借用对方话题所提供的论断，以加倍的力量还击对手。

有一次，俄罗斯著名马戏演员丑角杜罗夫在观摩演出，幕间休息时，一个傲慢的观众走到他面前，讽刺地问道："丑角先生，观众对你非常欢迎吧？作为马戏班中的丑角，是不是必须生就一张愚蠢而又丑怪的脸蛋，才会受到观众欢迎呢？"杜罗夫悠闲地回答："确实如此。如果我能生一张像先生您那样的脸蛋，我准能拿到双薪！"这个观众自讨没趣，灰溜溜地走开了。

杜罗夫还击对方时，借用了对方话题中的论断。

借事造势这种技法不仅简洁有力，而且生动活泼，如果运用得当，常常能产生"四两拨千斤"的效果。古今中外不乏"借时造势，借事造势"的成功之例。如何运用"借事造势"，达到目的呢？

事物的发展变化，是众多因素共同作用的结果，人的能动作用尤其不能忽视。处在一定条件下的组织，能够抑制逆势，创造顺势。袁曹两军对峙于官渡，由于粮草不继，形势对曹操愈来愈不利，但曹操打道乌巢，放了一把火，其势就发生了逆转，此举创造了有利于曹操的顺势，乌巢之粮化为灰烬，袁绍军心动摇，失去了战斗力，被曹操一举击败。

日常生活中的广告宣传、霓虹灯、音响等等都具有造顺势的作用。人们经常见到这样的场景：市角街头一伙人围着一个小贩抢购其兜售的商品，引得路人也纷纷加入抢购的行列之中。明眼人一看就知道，那伙人与商贩本是一路，他们"抢购"的目的，就是使过路人产生"此物走俏或便宜"的心理效应，造成一种有利于该种商品销售的态势。旧社会有些商人凭借对某种商品货源的垄断，搞囤积居奇，也是在造顺势。当然，这些方法在社会主义竞争中是不可取的。但是，如果以符合道德规范的手段去造势，还是值得重视的。

孙子说："善战人之势，如转圆石于千仞之山者，势也。"非常形象地说明了"识势、应势、造势"在人生中的重大意义和作用。

## 做人秘语

借事造势，借其人之道还治其人之身。

运用借事造势法要"借"得自然、合理。

# 四、审时度势，收放自如

审时度势，能够把当前的局面做一个全面的分析，能准确地估计到局势的走向，方可因时而动，相机而行；善于变通，收放自如，方可趋利避害，取舍得宜，转败为胜，变被动为主动。不识时务且不能收放自如者则会处处碰壁，事事失意，弄不好还会倾家荡产，甚至赔上自家性命。

## 1. 进退自如有弹性

该进时进，当退时退。

短暂的隐退会让你变得神秘。

自古以来，人的进退，原本就不是件容易处理的事，尤其是"退"字，但是不管个人的主观愿望如何，只知进不知退，必将碰得头破血流。所以，我们要向弹簧学习。你看，弹簧进退自如，但本色不变。

其实，进有时是为了退，而退有时则是为了进。

比如，当前面的路被一座山挡住时，我们只能绕过去。这样虽然要多走一些路，但却能保证到达目的地。

因此，一个人要做成一件事，不懂得进退之道是不行的。退也是一种做人手段。只知进而不懂得后退的人，往往难以达到目的，还可能碰得头破血流。让我们来听听方先生讲述的他亲身体会的故事：

几天前，一位同事忧心忡忡地说，他的小孩最近数学成绩大滑坡，气得他一连数顿都没吃好饭，来问我该如何办。我问他是何种原因导致这种局面。他说也并非孩子不刻苦用功，老师的作业每天使孩子累得连自己心爱的足球赛也无法看，体育锻炼的时间更不用说了。可这孩子对戏剧艺术挺感兴趣，无论什么时候一谈起京剧便能脱口唱出，而且其嗓音也是极其出色的。但孩子的父亲认为，在目前社会学京剧是没有出息的。于是对这孩子的兴趣横加指责而不去鼓励他自由发展。听他这么一说，我颇感兴趣。好一个急于事功、只求成而不愿败的父亲！

后来，我建议他必须退让，不能强逼孩子去干自己不愿干的事，也不能强逼他放弃自己的兴趣和业余爱好，唯一可行的办法就是退一步海阔天空，让孩子在广阔的天地里找到自己的欢乐、痛苦、失败，当然，最终他肯定会找到自己的成功！

果然不出所料，过了几周，同事跑来告诉我说他孩子参加了业余京剧班，进步很快。同时，学习也得心应手，心理压力被去掉了，似乎前边的路很宽，也很轻松。

"退"从表面上看，有时意味着胆怯、失败。但是下面一个事实也许会令你感叹不已。森林中，唯老虎为百兽之王，谁见谁怕之，无不撒腿而逃跑。可谓虎者，威风凛凛的权威和王者象征也。可是，你仔细观察，这样一种虎王，在捕食时却总是先后退几步，然后狂奔而上，紧紧地抓住猎物。老虎尚知道在进攻时后退几步，以便产生更大的势能，而我们又何苦于只知前进，不知后退呢？

"钢铁大王"卡内基，运用此法之高明，足以称得上谋略过人的商战高手。

1898 年，"华尔街大佬"金融巨头摩根与"钢铁大王"卡内基开始了一场没有硝烟的战争。

当时，受美西战争的影响，匹兹堡的钢铁需求猛涨。而美西战争最后以美国胜利而告终，使得美国在国际上名声鹊起。

在这样的背景下，摩根向卡内基发动钢铁战争其意义就更加非同凡响了。

其实，摩根早将目光盯上了钢铁，因为他意识到钢铁工业前途无量。摩根把安插高级管理人员作为融资条件，将他的人员送入伊利钢铁和明尼苏达钢铁两家公司，从而控制了这两家公司的实权。

但与卡内基的钢铁公司相比，这两家公司也只能算中小企业而已。由于美西战争导致钢铁价格上涨，摩根对钢铁的兴趣更加浓厚，便决定向卡内基发起进攻。

野心勃勃的摩根，一心想主宰全美钢铁公司，所以，一出手就首先拿卡内基开刀。摩根首先答应了号称"百万赌徒"的兹兹的融资请求，合并了美国中西部的一系列中小企业，成立了联邦钢铁公司，同时拉拢了国家钢管公司和美国钢网公司。接着，摩根又操纵联邦钢铁公司的关系企业和自己所属的全部铁路，同时取消了对卡内基的订货。

原以为卡内基会立即做出反应。但与摩根的预想相反，卡内基却纹丝不动。卡内基是从玩股票起家的，他比任何人都更明白：冷静是最好的对策。特别在这个关头，自己面临的对手是能在美国呼风唤雨的金融巨头，如果此时仓促应对，那最后倒霉的将是自己。

卡内基更清楚自己的"分量"。他深知自己的钢铁业在美国所占的市场，这些市场如果失去了卡内基的支持，势必会有相当一部分企业因此而蒙受损失，到那时，卡内基并不愁自己钢铁的出路——你不要自然有别人要！

摩根很快意识到在这事上栽了跟头。他马上采取了第二步骤：美国钢铁业必须合并！"是否合并贝斯列赫姆，我还在考虑中，但合并卡内基钢铁公司，则是绝对的！"摩根向卡内基发出了这样的信息，甚至他还威胁道："如果卡内基拒绝，我将找贝斯列赫姆。"

别的挑战并不可怕，但是，一旦摩根与贝斯列赫姆联手，自己显然不妙。在分析了形势，估计了发展后，卡内基终于作出了决定："大合并相当有趣，我很有兴趣参加。至于条件，我只要大合并后的新公司债券，不要股票，至于新公司的公司债券方面，对卡内基钢铁资产的时价额，以1元对1.5元计算。"这对摩根来说，条件太苛刻了！但摩根沉默片刻，还是答应了卡内基的条件。

在商战中，不能死抱住一些今日的蝇头小利。应该为了长远目标而放弃眼前利益，尤其是在形势不利时，更要善于退让，塞翁失马，焉知非福？只有善于退让的人，才能赚到大钱。

卡内基瞅准了摩根的心理，同时抓住了摩根的弱点：你不是迫不及待地想合并吗？行，我答应你。但条件要听我的。这样，以1：1.5的比率兑换了卡内基钢铁公司资产的时价额后，卡内基的资产一下子从当时的2亿多美元跃到4亿美元！

卡内基对付摩根的办法，看似卡内基非常"软弱"，当摩根采取第一步时，卡内基无动于衷；当摩根采取第二个步骤时，卡内基更似乎未作任何抵抗便"就范"了。但是，卡内基的看似让步，而实际上却取得了一次大的飞跃，不能不说卡内基退了一步而实际上进了两步。最后的真正胜利者，是卡内基，而不是摩根！

俗话说："留得青山在，不怕没柴烧。"退与进是一种辩证关系，暂时的退却是为了将来的进攻。然而真正能够懂得其深刻含义的人却并不多，因为人人都向往着高官厚禄，幸福荣华。在"退"上欠火候，可能会使一生功绩毁于一旦，身败名裂，遗恨终生！

## 做人秘语

退了一步，反而获得了利益。

暂时的退却是为了将来的进攻。

## 2. 忍挺兼顾是明智之策

忍，体现友善、涵养、通情达理；

挺，则显示尊严、原则和力量。

唐代诗人张公在他的《百忍歌》中写道：

"百忍歌，歌百忍。忍是大人之气量，忍是君子之根本。能忍夏不热，能忍冬不冷。能忍贫亦乐，能忍寿变永。量不忍则倾，富不忍则损。"

张公的见解，可谓十分正确到位。做人，遇到烦心事、不平事、吃亏事、揪心事，该忍就忍，能忍就忍！忍，不是懦弱；忍，也不是退缩；忍，更不是无骨！所有的容人之忍、让人之忍及负重之忍，都是一种大道，一种有利于自我顺风前行的大道。

忍是一种境界，小忍则透小境界，大忍则阐大境界！凡大忍者，必成大事，小忍者，亦可为大谋。"小不忍则乱大谋"，要讲究做事的方圆之道。"忍"不能没原则地忍：不该忍的忍，那是懦弱的表现；该忍的不忍，那是鲁莽的作为。

生活、工作中与他人之间出现了一些小误会、小摩擦、小分歧或者小过失，我们主张，应该以谦默忍让之心对之，当忍就得忍。

妻子对丈夫越轨行为的一再忍让，只会使丈夫为所欲为，变本加厉，甚至他会在某一天突然认为这是正确的。母亲对儿子不良行为的一再忍让，会使不懂事的孩子误入歧途。一再忍让可能导致最终结果的不可收拾，让人后悔不已。

喜欢一味忍让的人，应该告诉自己在适当的时候要警醒一下别人，或在关键时候予以回击，不要让自己的原则受到侵犯。

对于一些善意的玩笑，一时过火的行为，忍让一下可以显示你的涵养，但对于那些一贯性的、污辱性的甚至无赖性的侵犯，忍让就等于绵羊投降于恶狼面前。这时候需要的是反抗。当然在此之前不妨先警示一下对方，以示你的风度。即使你也知道反抗的结果可能是彼此断绝来往，甚至付出更惨重的代价，你也得奋力去做；即使你力不从心，或者可能招来更大的侵犯，你也得坚强地去做，因为结果往往是邪不压正。不管结果如何，你要从维护自己的形象出发，从拯救一个丑恶的灵魂出发，给予迎头痛击，让他知道，该如何尊重人。

但不管是在工作中，还是在生活中，一味地"忍"或一味地"挺"，都不够全面，只有做到忍与挺兼顾，方可称得明智之举。

在楚汉相争中，刘邦由于势单力薄，经常吃败仗。汉三年（前204年），刘邦兵败，被项羽围困在荥阳。而他的大将韩信自领一军，北上作战，捷报频传，攻下魏、赵、燕诸国，最后又占领了齐国全境。

五月，韩信派使者来见刘邦，说："齐人狡诈反复，齐国又与强楚为邻，如果不设王威慑，不足以镇抚齐地，请大王允许我暂代齐王。"

刘邦一听，当然不依，如今大敌当前，这小子竟敢"趁火打劫"，胁迫自己分权与他！刘邦气愤不过，便破口大骂："我坐困荥阳，日夜盼望你韩信带兵来增援，你不但不来，反要自立为王！我……"

正骂着，刘邦感到自己的脚被人踩了一下。他恶狠狠的目光一扫，张良向他示意了一下。刘邦知道他一定有重要的话要告诉自己，便打住了话题。

张良清楚地知道韩信是当世首屈一指的将才，目前又拥有强大的兵力，处在举足轻重的地位上。刘邦如与韩信翻脸，轻则形成刘邦、韩信、项羽三强鼎立，重则导致项羽、韩信联合攻汉。无论出现哪一种情况，都于刘邦大为不利。反之，如果能调动韩信的兵马，就能拖住齐军，重创楚军。于是，张良果断地用脚踩刘邦，制止他骂出那些无法收场的话来。

张良靠近刘邦，悄声说："大王，韩信手握重兵，右投则大王胜，左投则项羽胜。我们对他的要求要慎重考虑。"

刘邦是个个性坚忍的人，他压住怒火，当即下令派张良为使节，带着印绶到齐地去，立韩信为齐王，并征调韩信的军队。结果战争形势很快便发生了重大转折：汉军由劣势向优势转变，逐渐对楚形成了包围之势。

经过几年激战，刘邦终于在垓下全歼楚军，取得了战争的最后胜利。

"忍"有时候会被认为是屈服、软弱的投降动作，但若从长远来看，"忍"其实是非常务实、通权达变的智慧。凡是智者，都懂得在恰当时机忍耐，毕竟获取胜利靠的是理性，而不是意气。忍耐常有附带条件，如果你是弱者，并且主动提出忍耐，那么虽然可能要付出相当大的代价，但却可以换得"存在"的空间和余地。"存在"是一切的根本，没有"存在"，就没有明天，没有未来。也许这种附带条件的忍耐对你不公平，让你感到屈辱，但用屈辱换得存在，换得希望，显然也是值得的。

忍是一种强者才具有的精神品质。那些表面上气势汹汹、不可一世的人，其实是色厉内荏、不堪一击。忍，有时看似是吃了亏，其实一个人敢于吃亏，不去占眼前的便宜，大多是因为他们有更高的境界和更高的追求。而那种事事处处都想占别人便宜、不愿吃亏的人，到头来往往只能收获些蝇头小利，从大处看则反而是吃了大亏。

"忍"是一种做人的智慧，即使是强者，在问题无法通过积极的方式解决时，也应该采取暂时忍耐的方式处理。这可以避免时间、精力等"资源"的继续投入。在胜利不可得而资源消耗殆尽时，忍耐可以立即停止消耗，使自己有喘息、休整的机会。也许你会认为强者不需要忍耐，因为他们资源丰富而不怕消耗。虽然理论上是这样，实际上问题却是，当弱者以破釜沉舟之势咬住你时，强者纵然得胜，也是损失不小的"惨胜"。所以，强者在某些状况下也需要忍耐，因为这可以借忍耐的和平时期来改变对你不利的因素。总而言之，无论是谁，在局势不利的情况下都要善于忍耐，正所谓"识时务者为俊杰"，与其作无谓牺牲，不如在逆境中养精蓄锐，发展壮大自己。这样一旦时机来临，你就能拥有足够的力量，扭转"颓势"，改写人生。

　　忍与挺，作为一种策略，或者作为一种做人的手段，无论何种场合，不可偏颇。从理论上讲，忍，体现友善、涵养、通情达理；挺，则显示尊严、原则和力量。还要根据形势变化，灵活运用。只要运用得当，还是有助于我们构建和谐、美好的工作和生活氛围的。

**做人秘诀**

忍与挺兼顾，方可称得上是英雄之举。

# 3. 先声夺人，先发制人

先人一步，快人一筹。
落后就要挨打。

　　"先下手为强，后下手遭殃"这句话非常有道理，历年来被人们作为成就大事的一种策略。

　　先发制人，是说先动手就能制服对方，后动手就要被对方制服。战争中最讲先发制人，《兵经百字·上卷智部·先》云："兵有先天，有先机，有先手，有先声……先为最，先天之用尤为最，能用先者，能用全经矣。"

"兵贵神速"讲的就是要以快制胜这一道理。"难得的是时间，易失的是机会，"不仅是兵家的至理名言，更是商家的警箴世语。"以快制胜"是占领市场、击败对手的重要经营策略。市场行情瞬息万变，要紧密地跟随市场并预见出市场变化的走向，做出灵敏、快速的反应，这样才能在对手尚未"醒悟"的情况下，出其不意地占有市场，取得成功。

佐佐木大学毕业后在一个酒吧打短工，遇到了一位从中东来的游客，二人说话很投机，于是游客慷慨地送给他一只很有特色的奇妙打火机。

这只打火机妙就妙在：每当打火，机身便会发出亮光，并且随之出现美丽的图画；火熄，画面也就消失。

反复摆弄、玩味，佐佐木觉得十分美妙、新奇。于是他向这位游客打听这种打火机的厂家，游客说是在法国买的。佐佐木灵机一动，心想要是能代理销售这种产品，一定会受很多人尤其是年轻人欢迎，肯定能赚一大笔钱。他一面想，一面就行动起来。他想办法找到了法国打火机制造商地址，写信恳切地要求代理这种产品。最后他花了1万美元获得了这种打火机的代理权。

在佐佐木"搞定"打火机代理权时，日本也有几个商人想获取这种打火机的代理权，结果让名不见经传的佐佐木捷足先登了。如果佐佐木没有"抢占先机"，他很可能竞争不过其他有代理商品经验的商人。在推销打火机的过程中，受这种神奇打火机的启迪，他的灵感再次被触动，想到了成人玩具，于是下决心发展成人玩具事业。

他从探究法国打火机的诀窍入手，先掌握其窍门，再进行改造，并由打火机推及到水杯等，设计制造了能够显示漂亮画面的水杯产品，大受日本人欢迎。

由他设计的水杯，盛满一杯水时便出现一幅美丽逼真的画面，随着水位的不同，画面也发生变化。人们用这种杯子品茶闲谈，简直是一种享受，于是都对这种杯子爱不释手。

随着资金的积累，佐佐木开办了一个成人玩具厂，专制打火机、火柴、水杯、圆珠笔、钥匙扣、皮带扣等带有奇妙特色的产品。这些产品市面上不是没有，但佐佐木总是先人一步，在某项功能或某种款式上下工夫，做到人无我有、人有我优，总之，要弄得优先于他人。他凭着才气和灵活的头脑，赤手空拳闯天下，终于由一个穷侍者变成了腰缠万贯的富翁。

快速，可以收到出乎意料的功效。战争中的攻与防是一对矛盾，防范严密，哪怕对手很弱，进攻也困难。相反，防守松懈，进攻易于得手，哪怕对手实力雄厚。行动快，进攻者在对手未及防备时突然出现，以有备攻无防，取胜势在必然。

如同排球比赛中的"短、平、快"战术，之所以能常常奏效，在于运用传球时的"短"与"平"，求得扣球时的快，在对方未曾料想之际，以迅雷不及掩耳之势，发起进攻。

快速行动固然有许多好处，但不顾客观情况只是片面地强调速度，或许也会带来负面的效应。速度应当以取得效益为前提，速度就是策略，效益就是目的。忽略了这一点，就有可能"欲速则不达"了。"兵之情主速，乘人之不及，由不虞之道，攻其所不戒也。"意思是说用兵之理，贵在神速，乘对手来不及准备，由对手意想不到的道路前进，在他没有防备的时候进行攻击，就一定能取得胜利。

其实，先发制人在各个方面都适用，尤其是作为领导如果能恰当地使用先发制人这种手段，将会使自己的工作得以顺利进行。

卡耐基曾在《美好的人生》一书中讲了自己的一段经历：

卡耐基的家就住在公园附近。因此他常常饭后带一只小猎狗到公园散步。这是个森林公园，面积很大，游人不多。公园有一项规定，带狗游览者必须为狗戴上口罩和系上狗链。一开始，卡耐基还常常按规定给狗戴上各种器具，时间一久也就松懈了。一天，他在公园里遇见了一位骑马的警察。警察严厉地对他说："你为什么不给你的狗系上链子？难道你不知这是违法吗？"

"是，我晓得。"卡耐基答道，"不过我认为它不至于咬人。"

"法律可不管你怎么认为的。"警察厉声说，"这回我不追究，假如下回再让我碰上，你就必须跟法官去谈了。"

从此以后，卡耐基照办了。可是，小狗很不喜欢束缚。看到小狗的可怜样，他心软了，不再给它戴上口罩。

一天，正当他与小狗赛跑的时候，刚跑过一片树林，正好碰到那位警察。警察招手让他过去，卡耐基只好硬着头皮迎上前去。他心想，这下可栽了！他决定先发制人。他满脸惭愧地说："先生，这下你逮住我了。我有罪，你上星期警告过我的。"

出乎卡耐基的意料，"好说，好说，"警察回答说，"我知道，在没有人的时候，谁都想让小狗无拘无束地跑一跑。"

"的确忍不住，"卡耐基说道，"但这是违法的。"

"别说得太严重了。这样吧，你只要让它跑到我看不到的地方，事情就算了。"警察很温柔地说。

时变我变，关键是在一个"先"，必须抢在别人的前面及"变化"之前，改变过时的计划，才能掌握战场的主动权，先发制人。

## 做人秘语

先下手为强，后下手遭殃。

先动手就能制服对方，后动手则会被对手制服。

# 4. 在挑战中显示智慧

生活中最伟大的事情，就是挑战永远在前面。
只有挑战才能激发自身潜伏的力量。

人生充满挑战，只有在挑战时勇于展示自己的才华，才能脱颖而出。要知道，你可能穷尽毕生努力，也不会得到别人的赏识，而抓住一次挑战的机会展示才能，就可能把你的能力和价值展现给同事和领导，特别是意见未被采纳，人们更会在后来的失败中忆起你的表现，赞叹你的高明。

罗伯特是一座停车场的电信技工。一天早上，调车场的线路因偶发的事故陷于混乱。上司还没上班，该怎么办？他并没有"当列车的通行受到阻碍时应立即处理由此引起的混乱"这种权力。如果他越职发出命令，轻则可能卷铺盖走路，重则可能锒铛入狱。一般人可能说："这并不关我的事，何必自惹麻烦？"可是他并不是平平之才，他并未畏缩旁观，而是私自下了一道命令，并在文件上签了上司的名字。当上司来到办公室时，线路已经整理得同从来没有发生过事故一般。这个见机行事的青年，因为露了漂亮的这一手，大受上司的称赞。公司总裁听了报告，立即调他到总公司，升他数级，并委以重任。从此以后，他就扶摇直上，谁也挡不住了。

罗伯特回忆说："初进公司的青年职员，能够跟决策阶层的大人物有私人的接触，成功的战争就算是打胜了一半——当你做出份外的事，而且战果辉煌，不被破格提拔，那才是怪事！"

因此，要勇于接受挑战，只有在奋斗中，人生才会充满希望。

从前挪威渔民出海捕鱼，每每返回到岸边，捕获的沙丁鱼差不多全死光了。有一个聪明的渔民和别人一样撒网，一样长的时间归来，可他每次带回的沙丁鱼都活蹦乱跳，几乎没有一条中途死掉。正因为如此，和别人卖同样分量的鱼，他却多赚了许多的钱。

只用了几年的工夫，那个渔民就发家致富，为人们所羡慕。

他的办法其实很简单，就是在鱼舱里放几条凶猛好斗的鲇鱼。为了对抗鲇鱼的攻击，沙丁鱼不得不进行积极防御，于是迸发出旺盛的生命力，从而能活蹦乱跳地坚持到上岸。

那个渔民还说，沙丁鱼之所以会过早地死掉，是因为它们知道被逮住了，已没有逃脱的可能，生存的希望破灭了，剩下的也只有死路一条。

日本一家公司从鲇鱼效应领悟出用人之道，不断地从公司外部引入鲇鱼式的人才，让公司上下都能感受到沙丁鱼式的紧张，借以促使他们更加勤奋地工作。在日本民间，每当父母培养孩子意志品质的时候，都要以沙丁鱼的故事作为教材。

甲骨文公司总裁埃里森曾说："生活中最伟大的事情，就是挑战永远在前面。"只有挑战才能激发自身潜伏的力量。

当你面临某一无法解决的难题时，千万不要只是想到放弃，应该这么去看待它：虽然是有一些困难，但是总不能因此就不做，还是努力些吧！

当爱迪生已经成为声名显赫的大发明家的时候，艾德温·巴纳斯就想成为爱迪生的事业伙伴。

虽然艾德温·巴纳斯当时还只是一个街头流浪汉，但他的理想可并不只是想混口饭吃，他有一个坚定的愿望——要和爱迪生"共事"，而不单单是"帮"爱迪生"做事"。

这种想法不断在他头脑中闪现，可是他根本无力付诸实施。有两大难题阻碍着他：一是他根本就不认识爱迪生；二是他连去找爱迪生的路费都付不起。这样的困难已经足以阻碍绝大多数人去采取行动，但巴纳斯却和绝大多数人不一样，这些难不倒他。当他最终出现在爱迪生的实验室里时，竟然直接宣称要和这位发明大师合伙做生意。

这可使爱迪生颇感惊讶，但却对他留下了深刻的印象。多年以后，爱迪生仍然记忆犹新。他回忆两人首次见面时的情景道：

他（巴纳斯）就站在我面前，看起来和寻常的街头流浪汉没什么两样，但是他脸上的表情则耐人寻味，令我印象非常深刻。他是吃了秤砣——铁了心了，不达目的绝不罢休。以我多年与人交往的经验，我已经知道，当一个人真正深切渴望某个东西的时候，他是不惜拿所有的未来去孤注一掷的，而且也势在必得。我把他想要的机会给了他，因为我看出他打定主意要坚持到底，后来的事实证明了我是正确的。"

心理学家说过："当一个人真正准备好要迎接一种事物的时候，这个事物就会露脸了。"也许巴纳斯当时并不知道这一点，但他那份不屈不挠的决心和锁定目标、坚忍不拔的毅力，注定会为他铲除一切障碍，获得成功的契机。

我们应该让"我不行啦"、"不可能的啦"等口头禅垃圾从我们的口中消失。成天把消极的语言挂在嘴边的人，光是这样唠叨，就已经把自己的志气耗尽了。人的意志力之大，往往是超乎我们的想像的。心理上先抱失败的想法，自然整个人的行为、感觉都会受到影响；这样的情形，是我们不能忽视的事实。

有几个窍门和规律与你共享：

（1）要实干，但也要适时表现。所谓适时，一是要找到恰当的事情动脑筋，扫地抹桌子，就会被提升为清洁组组长；二是要在显山露水时，不要过于扎眼，招致众人谴责而树立敌手。

（2）显能耐不宜过频过多。天天都干出格的事，人们便不觉得你有什么稀奇处，只能被骂作爱出风头而已。所以你总是要留一些绝招，留上展示的余地。如果你能经常露上那么一点点新鲜的才华，则人们总会对你抱有希望，弄不清你的深浅，多大的事也敢托付于你。

**做人秘语**

　　人生充满挑战，只有在挑战时勇于展示自己的才华，才能脱颖而出。

　　只有敢于面对一切，才会有成功的可能。

# 5. 忍一时气，成万世基

　　忍可以驱走灾难，避开祸端。

　　"忍"字更是一切好处的关键所在。

　　"小不忍则乱大谋"，这句话在民间极为流行，甚至成为一些人用以告诫自己的座右铭。有志向、有理想的人，不应斤斤计较个人得失，更不应在小事上纠缠不清，而应有开阔的胸襟和远大的抱负。

　　人的一生当中绝对会有不如意的时候，在这种时候，你不要去计较面子、身份、地位，也不要急着出头，要沉住气，忍一时气就有机会成就一番事业。俗话说得好：留得青山在，不怕没柴烧。小不忍则乱大谋，只有咽得下这口恶气，才能成就大事，从而实现自己的梦想。

　　有时面对一些事情，我们应该做到泰然处之，心胸开阔，目光放远一些，看这些事情对自己的长远发展是否有利，而不去逞匹夫之勇。宋朝宰相杜衍教导学生："假如你现在只不过是一个县官，今后的升迁还需看上司的印象而定，要是你的才干一直超过上司，上司的地位就很危险，那时他会对你产生偏见，你会随时惹祸上身而又不自知，那又如何发挥你的济世之志呢？用心与周围的人协调，适应环境，暂时委屈，实在是为了你将来能有大的作为啊！"这些话穿越于百年的时空界限，对于今天的朋友一样有指导意义。

越王勾践忍受屈辱的故事，使他成为中国历史上忍辱发奋的代名词。作为越国君王，只要利于恢复他已经灭亡的国家，什么屈辱他都能忍受。他心甘情愿地给吴王夫差当奴仆，给生病的吴王尝大便。这是何等屈辱之事！勾践似乎毫不考虑，对他来说，唯有成功才是奋斗目标。因此，当他骗得吴王的信任，获得自由回到越国后，仍能抑制自己的愤怒和情欲，一如既往地忍受吴国强加给他与越国的屈辱，卧薪尝胆十年，终于战胜了吴王夫差。

人的一生当中绝对会有不如意的时候，而由于不同的人承受能力的不同，这些不如意也会对不同的人形成不同的压力与打击，有人根本不在乎，认为这只是人生中必然会碰到的事；有些人只被轻轻一击就倒地不起；有人则很快就挣脱沮丧，重新出发。

忍受失败是为了准备东山再起，而不可由此沉沦。一个人要想有所作为，就必须头脑冷静，无论做什么事情，情绪激动都容易坏事。著名华商张荣发的发迹历程，虽然没有勾践那样的屈辱艰难，但是相当漫长和曲折的。他从在日本船上当杂工开始，直至后来艰难从商成名。在艰苦的水手工作中，他坚持勤奋学习和工作，船上的知识和技术得到不断的长进，逐步晋升为二副、大副乃至船长，这为他全面熟悉海运业打下了良好的基础。

张荣发出生于台湾省基隆市。他从小在海边长大，由于家境不太好，18岁便到社会谋生。他虽然在商业学校学了几年商业课程，但找不着对口的工作，只得在一家日本商船当杂工。

张荣发胸怀壮志，他从小立志要自己创出一番事业来。尽管境遇不佳，他却不灰心，决心忍耐、奋斗，相信天道酬勤。他念书虽不多，但对孔子所说的"小不忍则乱大谋"的教诲深信不疑。

　　从打杂工到船长，说起来只有几个字，然而，张荣发做到这一点，却用了足足 23 年时间。他忍受了 23 年艰苦单调的海上生活，积累了一些资本，于 1968 年开始自己创业。一开始时他只能买得起一艘残旧的洋船，航行于美国与远东之间。他既是老板，又是船上的船长，亲自指挥航行。

　　20 多年的海上"卧薪尝胆"生活过去了，他创立的长荣海运公司由于十分了解货主的需求和市场行情，能做到服务优良，处处令顾客满意而生意十分兴旺，盈利颇丰。没几年时间，长荣公司的货轮已经增至三艘了，并增辟了远东至波斯湾的定期航线。

　　到 1975 年时，张荣发感觉到到海运业竞争激烈，当时他已积累了不少资本，于是决定摒弃旧式货船，逐步建立起了新式快速货运船队，以快速、安全、廉价和优质服务参与竞争。在这次新的改制和装备后，他的生意得到迅速发展。1982～1983 年，世界航运业再次陷入低潮，很多航运商家难以为继，被迫倒闭或压缩业务。具有远见卓识的张荣发却认为这只是短暂现象，他利用这个机会以 7 亿美元收购了 24 艘全箱远洋货轮，迅速壮大自己的船队，乘势开创环球东西双向全箱货运定期航线，由此取得了空前的成功。经过这样一番人退我进、人弃我取的方式，到上个世纪 80 年代末，张荣发成为了有名的世界船王。他拥有 10 多家规模庞大的公司，在世界五大洲几十个国家和地区设有分公司或办事处，属下有近百艘大型货轮，总吨数达数百万吨。

　　张荣发忍耐度过了 23 年的打工生涯，又用 20 多年的时间创业，终于成为一位世界级富豪。

　　"忍"是很重要的一个字，因为在任何时间、任何场合，都有不如意的问题存在，有些问题无法很快解决，更有些问题不是自己能力所能解决，所以也只能忍。

孔子戒子路曰："齿刚则折，舌柔则存。柔必胜刚，弱必胜强。好斗必伤，好勇必亡。百行之本，忍之为上。"说的正是欲成大事必有小忍这个道理。一个人在做大事业之前若无法忍受小事，将无法成就伟大的理想。

一个真正想成就一番事业的人，志在高远，不以一时一事的顺利和阻碍为念，也不会为一时的成败所困扰；面对失败，必然会忍一时的气并发奋图强，去实现自己的理想。

## 做人秘语

在大屈之后，就会有成功的大伸。

只有忍一时气的人，才能成大事。

# 五、安上抚下，以谋立身

作为公司中的一员，绝大多数员工都是多重身份，你可能是别人的上司或是下属，更可能同时要扮演这两个不同的角色。学习如何与不同身份的同事相处，采取不同的策略，选择恰当的沟通表达方式，对你大有裨益，将使你赢得尊重、信任，在职场中从容行走。

## 1. 令出要如山

一言既出，驷马难追。

令出如山倒，是领导者的威严所在。

《韩非子·有度》有云："国无常强，无常弱。奉法者强则国强，奉法者弱则国弱。"告诉了领导者这样一个道理：国家没有固定不变的强盛，也没有永久不变的弱小。执行法令的人坚强，那么国家就强盛；执行法令的人软弱，那么国家就衰弱。

自古以来，凡有大成者，都特别讲究法令规矩，没有规矩不成方圆，领导者的威严就是从他们的属下对其所立下的法令规矩的严格执行中体现出来的。汉文帝时期的周亚夫就是个极为讲究法令规矩的人，这一点连他的主子汉文帝都佩服不已，继而让他三分。

王小姐在一家公司工作，颇受经理信赖。有一次，经理交待给她一项工作，但她认为那是件无意义的工作，内心非常抗拒，一直拖着不去做。经理打来电话问，她很坦白地说没去执行。经理的口气越来越严厉，毫无征兆地劈头盖脸训斥了她一顿。她不敢抬头，怕眼泪会不可抑止地流下来。经理说了什么她都没听进去，只听到最后他很努力地放缓语气说："站在管理者的角度，你应该明白，会上确定的东西就应该执行，所以必须按规定进行处罚。"那一刻王小姐终于明白了什么叫后悔。

国有国法，家有家规，每个公司也必须有自己的一套规章制度。而人的天性，渴望绝对自由，面对冰冷的"紧箍咒"时必然有某种心理抵触。如果你非要把自己的个性当作不可侵犯的原则，就会更厌恶和蔑视企业文化和管理制度。

曾国藩指出，军队以法令律例为治兵的根本，而令行禁止、言出必果更是他治军成功的关键。为建立一支有战斗力的军队，曾国藩为军队制定了许多法令规矩，这些法令规矩的最终目的就是要把孔孟"仁"、"礼"思想贯穿于士兵的头脑之中，把封建伦理观念同尊卑等级观念融合在一块，将军法、军规与家法、家规结合起来，用父子、兄弟、师生、友朋等亲谊关系强化调剂上下尊卑之间的关系，使士兵或下级更加尊敬长官、服从长官、维护长官，为长官出生入死、卖命捐躯在所不惜。

作为领导者，既要显示自己的威严，又要笼络人心，最难把握的是对属下宜宽还是宜严。不少人担心宽则无纪，使人养成松弛浮躁的惰习；严则失人心，使人畏惧而疏远。那么究竟严一些好还是宽一些好呢？正确的管理下属的方法就是寓严于宽。

领导者应该以宽厚待人，对所有的属下做到一视同仁，不能分薄厚，亦不能分远近，要用对待亲兄弟、亲子女那样的仁爱之心来关注属下的成长，使属下感受到你这个大家庭的温暖与和睦，也感觉到在这里做事前途无量。

但是，这些都不能代替"严"字。宽厚之外，领导者要有威严，以威严建信誉。对于属下则要求要举止庄严，办事严谨，有法必依，有法必行。这样做的目的在于要精心地培养他们，使他们永远不会满足于已经掌握的知识与本领，不会因松弛懈怠而导致工作失误，更不会因虚度时光而后悔自责。这种严格的约束、督责实际上都出自于爱护，一旦被属下所领会，他们就会认为这种严是合情合理的，这种领导者是自己的良师益友。

需要说明的是，这种严要从平常做起，使之深入人心才会有效。如果平时不严，临时严厉则根本难以生效。

曾国藩在靖港战役中见到湘军不敢逆敌、掉头逃跑的情景，心里十分着急，于是严令手下在大路当中竖起令旗，大声咆哮："过旗者斩！"令出之后，湘勇畏惧果然不敢通过令旗，但他们想方设法地绕过令旗，还是逃得无影无踪了，可见临时发威的严法并不起作用。但是，当他立志整顿湘军军纪时，他先写了《爱民歌》，让湘军当做识字教本，边学习，边执行，而且身体力行，达到"说法点顽石之头，苦口泣杜鹃之血"的程度，使爱民的思想深入人心，再对不守纪、扰民违纪者进行严肃处理，这样，湘军的纪律大大地好转起来。

由此可见，宽与严实际上并非只是一个事物中的两个对立面，它们是辩证统一的关系。没有宽，严则无效；没有严，宽必失当。只有将严寓于宽之中，将宽包围在严之外，即严在情理之中，才能取得良效。

那么，如何使领导者发出的指令得到最有效的施行，这对几乎所有的领导者都是一个至关紧要的课题，它直接关系到权力的影响度和威信的分量。因此，发号施令要遵循如下规则：

（1）一言既出，驷马难追。

智者接触别人，小心言行，不为防人，只为防口。人之口舌软而无规，人与人之间，舌之作用可当得半个人。身处高位的人，一咳嗽一眨眼都能引起众人注意，当年布什总统访日，于席间昏倒，立刻影响到华尔街股市价格。鉴于此，领导人物时时修正自己的言行非常必要，那些轻视这个道理与原则的人，必定会不时引起群体舆论的攻击，因而遭受不该遭受的困扰。因为，地位愈高的人，他们在外的名声愈是属于他人或整个社会。

（2）谨言慎行。

智者举步，千里瞵瞵。政治地位和知名度很高的人，他们的一举一动，必有相当多的人注目而视。此谓船摇一尺，桅摆一丈。因此我们说，具有高度社会地位的人，应该对自己的言行抱着戒惧、审慎的态度，才能名副金口玉言之实。

## 做人秘语

执行者要在慎言笃行的基础上，做到令行禁止，言出必果。

# 2. 敢打更要善"柔"

既刚又柔，宽严得体。

严肃批评配以大力赞扬。

人身体的构造，有坚硬的部分——骨骼等，也有柔软的部分——肌肉、软组织等，只有将二者有机结合，人才能灵活自由地从事多种活动。领导下属时，应该软中有硬，宽严相济，从而达到最佳效果。

有的下属讨厌责骂，有的甚至要求领导夸奖自己，他们会若无其事地说："我是那种不被别人捧就没有干劲的人，若被责骂的话，就辞职不干了!"

只要你发现"这小子很狡猾"时，就不要紧追不放了。那时，你还弄不清楚你自己是为什么而发脾气。因此，当你对下属说："你来会议室一下。"花上几十分钟，你一面听他的辩解，一面指出他的错误之处，而在训斥之后，还应该强调"以后要更加小心"这句话。

上下级之间的感情交流，不怕波浪起伏，最忌平淡无味。有经验的领导在这个问题上，既敢于发火震怒，又有善后的本领；既能狂风暴雨，又能和风细雨。

善于发威的领导者应该深知，"威"虽然是对众人而发，但对个别人而言，应该有不同的做法。"软"和"硬"是相对而言的，不可千篇一律。

《三字经》中说："人之初，性本善。"作为领导者应以善为本，不论对上还是对下，要理智持久，要建立好周围的人际关系，方能显出你的大将风度。有时，公司的制度有些小变动，老总通知你，你主管的部门要减少一个人，并由你决定调走何人。

你当时感到很不高兴，因为属下们都有其特长，最重要的是你与员工们早已建立了很好关系，共事合作愉快，私底下的交情亦不俗。

请你尽快做出抉择！请撇开私人感情，眼光放到公司的需要上。知道了自己的需要，再仔细分析下属的工作能力、性情、潜质和其他耐力。在这个时候，你就知道了如何取舍。

员工调离确定后，要立即找下属谈话讲清楚，这样可以避免对方对你有意见。

告诉对方："公司在某方面有临时变动，各部门的人员都要配合。考虑到你向来正确对待工作，对公司的制度也清楚，特别是你不光对本部门的工作熟悉，所以让你投效别的部门，对你会有更好的发展。"

下属难免会犯这样那样的过错。作为一名握有一定权力的上司，对待有过错的下属，无非是软硬兼施。具体说来，在硬的时候心要狠下来，要敢打，并且打在他的痛处；软的时候要够软，让下属体会到你对他们发自内心的关心。

员工表现得好，领导就应公开给予表扬，使其在众员工面前脸上有光；反之，就私下批评，也使其有面子。领导只有这样，才能使其员工信心十足，努力为企业效力。

美国某公司一位高级主管，由于工作严重失误给公司造成了 1000 万美元的巨额损失。为此，这位主管心里非常紧张。第二天，董事长把这位主管叫到办公室，通知他调任另一同等重要的新职时，这位主管大吃一惊，他非常惊讶地问道："为什么没有把我开除、降职？"董事长平静地回答："若是那样做的话，岂不是在你身上白花了 1000 万美元的学费？"这出人意料的一句激励话，使这位高级主管从心里产生了巨大动力。董事长的出发点是：如果给他继续工作的机会，他的进取心和才智有可能超过未受过挫折的常人。后来，这位高级主管果然以惊人的毅力和智慧，为该公司做出了卓著的贡献。

作为下属，当他出现失误后，本身肯定会自责，同时也在怀疑会不会因此而失去上司的信任。因为下属明白，上司对他失去信任将意味着什么。所以，在这个时候，上司在批评斥责之后，别忘了补上一两句安慰或鼓励的话。因为，任何人在遭受上司的批评之后，必然垂头丧气，对自己的信心丧失殆尽，心中难免会想：我在这个单位彻底完了，再也上不去了！如此造成的结果必然是他更加自暴自弃。

此时，假如作为上司的你能够既打又柔，适时地利用一两句温馨的话来鼓励他，或在事后私下对其他下属表示：我看他有前途，所以才舍得骂他。如此，当受到斥责的下属听了这话以后，必会深深体会到"爱之深，责之切"的道理，肯定会更加发奋努力。

下属犯错误是难免的，领导应怎样去对待呢？那就要批评改正。批得轻，难以改正；批得重，容易形成对抗。领导的好办法就是演一场"萝卜加大棒"的批评戏。

（1）对认错误态度好的部下，点到为止，切不能伤其自尊心，使其丢了面子。对脸皮薄的部下，不可过于严厉，点到为止。

（2）当下属不愿认错时，领导者决不含糊，批评斥责的目的是使其改正缺点，今后不再重犯。因此，对不愿认错的部下，一定要严加斥责，让"大棒"唱主角，"萝卜"在后收场，对这样的部下，要先挫其傲气，要是过早给出"萝卜"，他还以为没事了，于是，更加不悔改了。

批评他人必须掌握尺度，不能突破对方的心理承受能力。因为批评的目的是指出错在哪里，不是为个人出气，把他人整垮。批评者只是充满善意地向他人进忠告，忠告固然就该深刻，刺激信号应到位，力争让对方认识到过错的严重而幡然悔悟，但忠告必须使人能够忍受痛苦，自责、羞愧但不至于伤害自尊心。

所以，在管理下属的过程中，光有软的或硬的都不妥，最高明的则是软中有硬，软硬齐施，双管齐下，因人因事而采取相应的措施。

**做人秘语**

记住：在批评教育的时候，要不失时机地加上一些肯定和赞赏。

让别人有改过的机会，从而再次充满信心地投入到新的工作中。

# 3. 在批评中加点"糖"

药有糖衣，批评不妨也来点糖。

绝不可以只批评不表扬。

提起批评，也许很多人的理解是"挑刺"。其实，那只是批评很小的部分。真正高明的批评，更多的是交流、引导和印证。

如果你希望你的批评可以取得良好的效果，就要在方法上下工夫。一个人犯错后，最难以接受的就是大家的群起攻之，这样势必会伤害他的自尊心。怎样批评，实际是一种说服的技巧，是一门沟通的艺术。批评的目的意在打动对方，使得对方能认识到自己的错误，回到正确的轨道上，而不是贬低对方。因此即使你的动机是好的，是真心诚意的，也要注意方式和场合等问题。

历史上很多智人谋士，都是善用此道的人，从而以吹灰之力，成就九鼎大事。如触龙说赵太后的故事，极其典型：

秦国进兵赵国，赵国向齐国求救兵，而齐国一定要长安君当人质才肯出兵。长安君是赵太后的小儿子，当时赵太后当权，不肯答应。大臣们轮流谏劝，都被太后顶了回去。无奈左师触龙出面劝说。那时太后正在气头上，背对着他。触龙进来慢慢坐下，先与太后聊些身体吃饭之类的家常，又慢慢将话题转到子女上，取得太后共识后，才顺理成章道出爱子女要为他们的长远利益考虑的道理，说明去齐国当人质正是长安君建功立业的好机会，是为将来自立打基础，终于劝动了太后。

良药苦口利于病，但在现实生活中，扶正匡谬的批评的确如良药那样不为人所乐于接受，甚至成了难以下咽的"苦药"。开展企业内的批评报道尤非易事，上下左右，利益利害；磕磕碰碰，枝蔓牵扯，批评几乎是犹抱琵琶半遮面。批评得好，人家接受；反之，麻烦缠身，成了"不受欢迎的人"。因此，批评要学会变"害"为"利"，使硬接触变成软着陆，即在"苦药"上抹点糖，看似失去了锋芒，但却药性不减。

王东进公司后升迁很快，不到两年就坐上了部门经理的位置，但是有个别下属不服他，有的甚至公开和他作对，张品就是其中的一位。自从王东做了部门经理之后，张品经常迟到，一周5天，他甚至4天都迟到。按公司规定，迟到半小时就按旷工一天算，是要扣工资的。问题是，张品每次迟到都在半小时之内，所以无法按公司的规定进行处罚。王东知道自己必须采取办法制止张品这种行为，但又不能让矛盾加深。

王东把张品叫到办公室："你最近总是来得比较迟，是不是有什么困难?"

"没有啊，堵车又不是我能控制的事情，再说我并没有违反公司的规定呀。"

"我没别的意思，你不要多心。"王东明显感觉到了对方的抵制情绪。

"如果经理没什么事，我就出去做事了。"

"等等，张品你家住在东城门附近吧?"

"是啊。"张品疑惑地看着对方。

"那正好，我家也在那个方向，以后你早上在东城门等我，我开车上班可以顺便带你一起来公司。"

没想到王东说的是这事，张品反而有些不好意思，喃喃地说："不，不用了……你是经理，这样做不太合适。"

"没关系，我们是同事啊，帮这个忙是应该的。"王东的话让张品脸上突然觉得发烧，人家王东虽然当了经理，还能平等地看待自己，而自己这种消极的行为，实在是不应该。事后，张品虽然还是谢绝了王东的好意，但他此后再也不迟到了。

在批评的过程中，适时地采取先表扬后批评的方式，使得对方能树立改正错误的信心，树立全新的自我形象。因为他从你那里得到的信息是——他是有优点的，即使有错误也能很容易地接受批评，并很快地改正。所以批评的艺术可以被称之为一种为人处世的基本修养。

批评和骂人不同，它们之间有着本质的区别，骂人是气急败坏的表现，是无赖的表现，这不需要多大水平，在大街上扯个泼妇，肯定能骂得十分出彩。只是，骂人的行为除了让被骂者受伤，或者被路人耻笑之外，没有多少意义。而批评不同，批评的过程是批评者站在一个公正的立场，站在一定的高度，通过摆事实、讲道理来对人与事进行的一场论证过程，它应该有着严谨有力的逻辑。因此，我们是万万不可把骂人的行为扯进批评的范畴内。

批评别人，就要给别人服气的理由。我们作为批评者，就首先要加强自己本身的文化修养，对批评的人和事情，要有自己独到的眼光和见解，要公正地看待问题，而不能根据党同伐异的态度去行事。在批评的过程中，我们要保持自己个人的意识形态，有自己的鉴别能力。然后，通过自己对问题的看法，真诚地向批评对象提出自己的意见，并指明他应该去努力的方向。只要我们的见解是正确的，意见是真诚的，态度是诚恳的，别人又怎会不接受批评呢？

在批评的过程中，我们决不可以只批评不表扬。因为不管是人还是事，毕竟都还是有优点的。但这么说，也决不是鼓励大家在批评别人的时候先来一段表扬，在表扬以后再来一个"但是"，"但是"的后面加上一串批评。这样的批评只能让别人觉得虚假。比如老师要批评学生的懒惰行为，可以这样来批评：你很聪明，请以后勤奋点。而不要这么说：你很聪明，但是你很懒惰。这两种批评方式看着没多大区别，但前一种批评方法在表扬中提出了自己对学生的要求，而后一种效果和第一种相比，学生更容易接受前一种方法。

金无足赤，人无完人。只要是人，就可能犯错误。其实，任何有上进心的人都不愿意犯错，要批评一个人的错误时，最好让对方感觉到自己的错误。批评的目的也是为了要帮助对方，而不是为了贬低对方的品格。因此批评以适可而止、给对方留有余地的程度为好，这会让对方感谢你的宽容。

## 做人秘语

正确的批评方式不仅能帮你树立威信，还能让更多的人亲近你。

在批评中加点"糖"可以让别人接受我们的批评而又不受到伤害。

# 4. 当严必严，立威而治

领导＝实力十威信。

威信，可以说是管理者头上的光环。

自古以来，政令的推行要靠法律的权威，而法律的权威则需要强硬的手段来推广，所以，为政没有威严百姓就无所畏惧，无所畏惧则法制混乱，要达到天下大治就十分困难。而对作恶者严惩正是为官者树立权威的重要方法。

提倡仁义道德的儒家祖师孔子在鲁国执政时，曾毫不留情地诛杀了少正卯。这使他的弟子子贡感到疑惑，"不是说要以仁义为本吗？为什么非要杀掉少正卯呢？"

孔子对子贡的诘问略作思考后答道："人有五种恶行，一是通达古今之变即铤而走险；二是不走正道而走邪路；三是把荒谬的道理说得头头是道以惑人心；四是知晓许多丑恶之事；五是依附邪恶并受到重用。这五种恶行哪怕沾染上一种，君子就可以诛杀他。而少正卯是五种恶行兼而有之，他是小人中的雄杰，所以我不能不杀他。"

孔子的道理十分明确，为了树立统治者的权威，对于有恶行的小人必须严加惩处，杀一儆百，改变社会风气。

在历代统治阶级及领导人的管理方法中，杀一儆百是最常使用的方法，像诸葛亮杀马谡、曹操杀杨修，都是为了树立自己的威信。它的作用远远胜于其他统治方法，因而受到许多人的推崇。因为用这种方法对付那些听不进劝告的下属，可以从根本上打掉他们的傲气，从而提高工作效率。

现代社会，从领导学的角度看，严治可以达到震慑下属的目的，这样做可以使下属心怀畏惧，不敢轻举妄动，从而树立起领导的权威。

有一天，一位电脑控制厂员工不小心将一些清洁用的酒精洒在工厂里了。这是一个很严重的问题，因为电脑控制厂制造电子零件，保持无灰尘、无静电和无液体是很重要的，而任何污染物都可能导致产品发生故障。问题是这个员工是怎么清除这些污物的，用破衣服、纸巾还是抹布？他的方法倒很简单：点燃酒精将它全部烧光。虽然他是一位优秀员工，但他还是当场被开除了，因为他违反了公司的安全规章。没有任何人在安全规章之上。如果有人明显违反了公司的中心价值，他会立刻被开除。对于这种做法，该厂领导是这样解释的：

（1）中心价值必须强调和实践。用点燃的方法清除易燃溶剂，事实上很危险。没有人喜欢开除员工，但这件事实在是不得已而为之。

（2）实例管理有时必须凸显负面的例子。我们很少如此严惩员工，但是点燃酒精可能导致的严重后果使我们必须防患于未然。

（3）不要等待。如果有人违反了中心价值，要立即采取行动。任何的延迟都会使员工有"也许这项价值根本没什么了不起"的想法。

有时候，属下犯的错误非常严重，你必须执行某种形式的惩罚。当你必须用到惩罚时，你就用，不要犹豫。拖得越久，对你和应该受惩罚的人来说，日子就越难过，也越容易使别人误解你的惩罚不公平。

惩罚时，通常要附带某种形式的纠正行动，假若你惩罚的目的只为防止未来，那你应谨记主要应防止的未来因素，而不必太过严厉。

仔细观察不难发现，有威严的领导往往不是那种动辄打骂的粗鲁之人，而是那种讲方法的领导者。他们能使属下俯首听命发挥所长，并且带动整个团队向上。

在拉丁文字根里，"惩罚"的意义就是"教导"。惩罚的轻重全视领导者想"教导"对方的程度。假若你要团体中的成员尊重自己，要求他们做事达到最高标准，这是要靠慢慢教导。而不是一蹴可就的，你无法平日放松，一下就要求严格。

华盛顿曾说过："使人达到适当的服从，并不是一朝一夕可以成功，甚至也不是一月一年之功。"华盛顿明白，要培养一个团体的高标准纪律，乃是件极其艰苦的工作，需要花费很长的时间才能达成。

在如何对待不合作员工的问题上，出现了两种截然相反的观点：有人认为应采取大棒政策，解雇他们以树立威信；有人则认为解雇员工会使部门人心浮动，因此建议使用绥靖政策，给予他们改过自新的机会。到底该采用哪一种观点呢？其实二者都可行，主要是看一次决定后的群体效应和整体效果，如曹操所说：杀一人而三军士气大振，杀之。奖一人三军士气大振，奖之！

在具体操作上应先指定原先的干部进行管理，取得干部和骨干人员的信服和支持，不配合的人员工作上可以先不要重用，除非是非用不可的人，那要单独沟通，否则就先重用配合度高的人员。如果还是有人故意为难你，而且这其中还有骨干人员，这个时候你要认准一个不太重要的人员，杀一儆百，要注意这个时候一是要份量重，但是打击面不能大，团队牺牲不能大，只能针对极个别而且是可有可无的人员，实行末位淘汰。

## 做人秘语

威信几乎是每一个管理者刻意追求的东西。

没有威信的管理者，再有能力，在下属眼中也显得可有可无！

# 5. 与上司"心心相印"

明白上司的意图，理解上司的心思。

除了最高层领导外，每个员工都有上司。如果你的工作完成得很好，你的业绩也不错，但你的上司却不喜欢你，原因何在？因为你只知道埋头做自己的工作，却不注意上司怎么看你。所以，不管你是什么样的职员，都要知道怎样让你的上司喜欢你、器重你、提拔你，这就需要你做到与上司"心心相印"。

要做到与上司"心心相印"，就必须时刻留意对方的兴趣、爱好，明白上司的意图，理解上司的心思，这样才能"对症下药"。然而，上司的意图往往捉摸不定，所以必须下功夫掌握上司的心意，领悟上司的心理，然后尽量按他的意旨办事，甚至还能抢先一步将上司想说而未说的话先说了、想办而未办的事先办了，把个上司乐得美滋滋的。自然，上司的回报也总是沉甸甸的。

王刚为人热情大方，善于与各种各样的人打交道，在进到一个新公司后，他首先想到的是如何赢得上司的好感和赏识。在作了一番调查后，他得知上司为人保守，就毅然舍弃了长发、牛仔等时髦装束，而以循规蹈矩的新形象出现在上司面前。

在初步赢得上司的好感后，王刚就想发挥自己热情、乐于助人、慷慨大方的优点主动与上司交往，建立友谊。不料，上司为人孤僻多疑，喜欢独处，对王刚的热情颇不习惯。王刚碰了几次壁后，就决心改变策略，去顺应上司的性格特点，不再经常围着上司转。

后来，王刚发现上司有一个最大的爱好——打乒乓球，于是他就苦练了一段时间的球艺，然后频频在上司常去的一家俱乐部露面，并每次都是和上司在一起对阵、切磋球艺。此举果然奏效，在球来球往中上司渐渐放松了心理防卫，与王刚成为朋友。

经过一番交往，上司逐渐了解了王刚身上的优点和才干，在工作中对他予以重用。王刚出色地把自己推销给了上司，从而赢得了事业上的成功。

由此可见，"对症下药"是一门高超的做人技巧。对不同的领导运用不同的交往策略，随机应变，才能事事顺遂。比如，在和领导相处时，要根据领导的性格特点和其好恶，对自己的为人处事方式作一些必要的修正，以便迅速赢得领导的好感，建立起一定的感情。在此基础上，领导才会有兴趣深入了解和考查你的才干，并使你"英雄有用武之地"。

相当一部分上司都喜欢以"婆婆"的姿态出现，事无巨细，都要亲自过问，并插手干预，他的一切言行就是命令，这样的上司实际上已到了过分专制的地步。

倘若你的上司是这种类型的人物，你一定会时常感到精神处于紧张状态，很难在工作中获得成就感。所以，你必须努力争取自己的权益，以真诚坦率的态度对上司说出心中的话，尝试挚诚相待，看看他究竟有什么顾虑或是什么原因总是对下属缺乏信任。你应该相信，你的上司也是一个普普通通的人，很多时候也需要别人的肯定，肯定他的人生价值与成就。倘若他对任何一件事都表现出放心不下的态度，你要尽量想办法让他感到安心，而最好的方法莫过于主动向他报告你的工作进展情况，让他对一切明了如镜。

上司的心中往往有些疑虑：下属每天好像都很忙，但又不知道他们在忙些什么。因而下属一定要主动报告自己的工作进度，让上司放心，不要等事情做完再讲。有时小小的一点错误，发展到后面就会变得很大，所以最好早早地向上司汇报你的工作进度，一旦有错误，他可以及时地纠正你，避免犯大错误。

作为一个下属，你有多少次主动向上司报告过你的工作进度？须知，经常向上司报告，让上司知道你的工作进度，让他放心，才能让他继而对你产生好感。对上司来说，管理学上有句名言：下属对我们的报告永远少于我们的期望。可见，上司都是希望从下属那里得到更多的报告。

因此，下属越早养成这个习惯越好，相信你的上司一定会心情舒畅许多，而你与上司的合作一定会渐趋于轻松愉快。

对于有意成就一番事业的老板来说，总是思贤若渴、惜才如金，总是对有培养前途、富有创意的职员关爱有加、倍加赞赏。因为这样的人才难以挖掘，正是"千军易得，一将难求"。当你遇到这样的"明主"后，你不妨尽量施展你的才华。

比如说，当你有一个新的提高效益的方法，就应该在适当的时机向你的上司提出，争取得到他的支持。如果你的上司说："各位，我们来研究一下工作流程是否可以改善一下？"严格说来，这样的话，不应该由你的上司来讲，而应该由你说出。所以每过一段时间，你应该想一下，工作流程有没有改善的可能？如果你才是你所做的工作的专才，而你的上司不是，却由他提出了改善计划，想出了改善办法的话，你应该感到羞愧。

你敢说你的工作流程都很完善？事实上，任何一个工作流程都不是十全十美的，都有改善的可能。最糟糕的是大家都无所谓，安于现状，不对它进行改善。一个组织没有进步，这方面做得不好是重要的原因。大家都不想改善，而你却做到了，你就同他人不一样，上司也会喜欢你、看重你。

无论是哪种行业，哪一个单位的上司，无论他的职位有多高，但他毕竟是人，不是神。所有正常人的七情六欲，喜怒哀乐都会在他的身上体现出来。正如孙子兵法上所说的那样："知己知彼，百战不殆。"假如你对自己上司的秉性有了充分的了解，就为你以后的行动打开了方便之门。因此，你有必要对自己上司的品行特征做必要的总结归纳，使之成为自己与之相处的指南。

　　当然我们并不主张人们整天去揣摩领导、上司的意图，围着上司转，处处溜须拍马。但只要你仔细观察，便不难发现，现实生活中，上司"说你行，你就行，不行也行"的现象太多，人们必须学会"知上，识下"，尽量不要"哪壶不开提哪壶"，才能避免"说不行，就不行，行也不行"的难堪。

## 做人秘语

　　对不同的领导运用不同的交往手段，随机应变，才能事事顺遂。

# 六、把握做人的尺度：万事 都要留有余地

凡事留有余地，圆润为人，不把话说绝，不把事做绝，这样的人才是充满人情味的人，才能在人情社会中交游自如，不断得到他人的好评与敬重，拓展良好的人际关系网络。而那些凡事较真、不留余地的人最终会失去所有的朋友，成为孤家寡人，人人见而远之。

## 1. 任何时候都要留余地

有"智慧"的人懂得：留三分余地给别人，就是留三分余地给自己。在平时的工作与生活中，给别人留有余地，同样是一种可以帮你成功的美德。

战国时，楚庄王赏赐群臣饮酒，他的宠姬作陪。日暮时正当酒喝得酣畅之际，灯烛被风吹灭了。这时有一个人因垂涎于楚庄王美姬的美貌，加之饮酒过多，难以自控，便趁烛灭混乱之机，抓住了美姬的衣袖。

美姬一惊，奋力挣脱，并顺势扯断了那人头上的系缨，私下对楚庄王说要查明此事，并严惩此人。庄王听后沉思片刻，心想："赏赐大家喝酒，让他们喝酒而失礼，这是我的过错，怎么能为女人的贞节而辱没将军呢？"于是命令左右的人说："今天大家和我一起喝酒，如果不扯断系缨，说明他没有尽欢。"于

是群臣一百多人都扯断了帽子上的系缨，待掌灯之后，大家继续热情高涨地饮酒，一直饮到尽欢而散。

过了三年，楚国与晋国打仗，有一个臣子冲在前边，最后打退了敌人，取得了胜利。庄王感到惊奇，忍不住问他："我平时对你并没有特别的恩惠，你打仗时为何这样卖力呢？"他回答说："我就是那天夜里被扯断了帽子上系缨的人。"

正因为楚庄王给臣子留了余地，才换来了下属的忠心耿耿。留三分余地给别人，就是留三分余地给自己。

日本松下公司的创始人松下幸之助以其管理方法先进，被商界奉为神明。他就善于给别人留有余地。后藤清一原是三洋公司的副董事长，慕名而来，投奔到松下的公司，担任厂长。他本想大有作为，不料，由于他的失误，一场大火将工厂烧成一片废墟，给公司造成了巨大的损失。后藤清一十分惶恐，认为这样一来不仅厂长的职务保不住，还很可能被追究刑事责任，这辈子都完了。他知道松下幸之助从不姑息部下的过错，有时为了一点小事也会发火。但这一次让后藤清一感到惊讶的是松下连问也不问，只在他的报告后批示了四个字："好好干吧！"松下的做法使后藤清一十分感动，由于这次火灾发生后没有受到惩罚，他心怀愧疚，对松下更加忠心效命，并以加倍的工作来回报松下。

松下幸之助给下属留有了余地，也给自己公司留下了更快发展的余地。人都有求生存求发展的本能，如果有百条生存之路可行，在竞争中给他断去99条，留一点余地给他，他也会为你卖命。倘若连他最后一条路也断了，那么，他一定会揭竿而起，拼命反抗。想一想，世界之大，何必逼人无奈，激人至此呢？给别人留余地，本质上也是给自己留余地。断尽别人的路径，自己的路径亦危；敲碎别人的饭碗，自己的饭碗亦危。

韩非子《说林下篇》说："刻削之道，鼻莫如大，目莫如小。鼻大可小，小不可大也；目小可大，大不可小也。举事亦然，为其不可复也，则事寡败也。"这就是说一些为人处事的道理：如果鼻子刻得大了，我们还可以修得小一点，如果鼻子本来就刻得很小，那就根本没有办法补救了；如果眼睛刻得小，还可以再加大，如果把眼睛刻得太大，就没法再缩小。做人也是这样，我们在任何时候都应该给自己留一条后路，这样才不会遭致失败后手足无措。

留余地，其实包含两方面的意思，给别人留余地，无论在什么情况下，也不要把别人推向绝路，万不可逼人于死地，迫使对方做出极端的反抗，这样一来，事情的结果对彼此都没有好处。另一方面，给自己留余地，让自己行不至绝处，言不至于极端，有进有退，以便日后更能机动灵活地处理事务，解决复杂多变的问题。

不给别人留余地，就等于伸手打别人耳光的同时，也在打自己的耳光。人生就是这样，不让别人为难，不让自己为难，让别人活得轻松，让自己活得自在，这就是留余地的妙处。给别人留有余地，他一定会感激你，协助你，这也就等于给了自己一次成功的机会。所以，你要培养自己的这种美德，切记如下"四绝"：权力不可使绝；金钱不可用绝；言语不可说绝；事情不可做绝。

放别人一条生路，让他有个台阶下，为他留点面子和立足之地。人海茫茫，却常常"后会有期"，你今天势强不留任何余地，焉知他日二人狭路相逢？若届时他势强你势弱，你就有可能吃亏，所以任何时候做任何事情都要留三分余地。

## 做人秘语

饶人一条路，伤人一堵墙。多个朋友多条路，多个冤家多堵墙。有智慧的人都懂得"得饶人处且饶人"的道理。

## 2. 做人不要太狂妄

没有人会愿意相信一个言过其实的人，也没有人会喜欢一个出言不逊的人。就算这个人真的很有本领，但因为狂妄，也可能会丧失很多机会。

1996年6月，在俄罗斯大选中爆出了一个大冷门：列别德单枪匹马竞选总统，获得了15％的选票，名列第三。后来，叶利钦为了蝉联总统，将列别德招至麾下，委以安全会议秘书和总统国家安全事务助理的重任。这使支持列别德的选民转而支持叶利钦，使叶利钦在第二轮选举中奠定了胜局。列别德名声大振，成了政坛的大红人。连叶利钦都预言：列别德将成为2000年的俄罗斯总统。

可是，就是这位政坛红人，在10月17日，被叶利钦撤销了一切职务。仅仅121天，这位被称为"明星政治家"的人被撵出了克里姆林宫。列别德怎么会那么快就从权力高峰上跌落下来，原因何在呢？

有人说他是祸从口出，有人说他权力欲太强，两种说法都对，由于他野心太大，要让总统、总理下台，搅乱了克里姆林宫的政治平衡。

列别德的下台，主要起因在于和50岁的内务部长库利科夫的争吵。库利科夫得到叶利钦的支持，又是总理切尔诺梅尔金的盟友，他是克里姆林宫里参与决策车臣战争的"强硬派"。但是，当列别德一进入克里姆林宫，就把手伸向库利科夫权力范围内时，库利科夫当然就和他产生了对抗。列别德雄心勃勃，独自同车臣反政府力量达成了在车臣停火和俄军撤出的《哈萨维尤尔特协议》，这个举动使他获得了一定的声望，但他处理独断，引起库利科夫巨大的反感，库利科夫坚决反对从车臣撤军，认为这样做将导致战争车臣化，会搞乱俄罗斯南部局势……列别德与其针锋相对，还把车臣战争责任推给库利科夫，还指责库利科夫判断失误，根本不配当内务部长，并要他辞职。列别德还要叶利钦在他和库利科夫两人之间做出选择："有他无我，有我无他。"一下子使矛盾激化起来。

列别德把自己估计得太高了，他真以为在这个世界上，除了他是"救世主"外，别人都是无能之辈。

他抡起大牌把上下左右的同行们揍了个够：他攻击切尔诺梅尔金政府的经济政策不是维护国家利益，而是有利于某些"势力集团"；他指责总统办公厅主任丘拜斯是"挟天子以令诸侯"，想充当俄罗斯的"摄政王"；他又阻挠叶利钦总统任命前总统国家安全助理巴图林担任负责高级军职任免机构的领导人；他一再攻击库利科夫，而且要其"引咎辞职"；最后，他又和以前的好友、国防部长罗季奥诺夫吵翻，他指责罗季奥诺夫对空降部队进行改革是"企图消灭空降部队"。这个目中无人的家伙在议会、在党团到处树敌，他谁也看不起，而且野心勃勃。他刚担任安全会议秘书，就要求扩大安全会议的职能，还起草了新章程，以国家安全为由，把自己的手伸进外交、经济等领域。他还不知天高地厚，提出增设副总统的职位，毫不掩饰他要当二号人物的企图。他居然对德国《明镜》周刊记者说，他不一定要等到 2000 年才成为叶利钦的接班人。后来，叶利钦检查心脏有病，他竟冒天下之大不韪，要求总统"暂时"下台，表示"总统有病就应交出权力"，还准备竞选总统，同科尔扎科夫一起，组建竞选班子……

谁还能容忍这样一头"公牛"在克里姆林宫里乱闯胡闹呢！所以，库利科夫组织反击是有充分的"群众基础"的。库利科夫说列别德正在组织由 5 万名军人组成的"俄罗斯军团"的特种部队，是"为悄悄政变做准备"等。叶利钦在 1996 年 10 月初发表电视讲话，指责"有些人"以总统生病为理由，谋私利，搞小动作，急于"换总统像"。

这表明，叶利钦已经不能容忍列别德了。果然，在10月17日，叶利钦在电视讲话中撤消了列别德的一切职务，其罪状的第一条就是列别德在未征得总统许可的情况下采取一些有损国家利益的行动，破坏了领导班子的团结。叶利钦引用了克雷洛夫著名的寓言说：国家的集团领导应该团结一致，拧成一股绳来工作。可现在却成了"天鹅、虾和梭鱼"——各行其是（这句歇后语讲的是天鹅、虾和梭鱼等共拉一辆大车，天鹅向天上飞，梭鱼朝水中游，虾却往岸上爬，结果，费了九牛二虎之力，但大车还是纹丝不动，而使他们分开的正是"天鹅"，"列别德"在俄语中恰好是"天鹅"的意思）。

列别德纵有万般才华，也输定了。

他在这121天的时间里的种种表现足以说明他从政经验不足，还不成熟，出言不逊，树敌太多，不具备一名政治家应该具备的素质。

在评论这事件时，柯维引用了戴尔·卡耐基的一句名言："在影响一个人成功的诸多因素中，人际关系的重要性要远远超过他的专业知识。"

无论是老子还是庄子，还是其他古代先哲，无不在教导我们，做人要踏实、厚道、谦虚，不可狂妄自大！只有踏实谦虚地做人做事，才会更加丰富自己，更加充实自己，收获自然也会更多。

人若是产生骄傲情绪，那么他评判事物的标尺就会失衡，就不能再正确地看待自己，并且最容易走进自己的怪圈。因为你被自己头上的那层光环迷住了双眼，有些眼花缭乱，有些飘飘然，头重脚轻，摇摇晃晃，如同醉汉。伴随着岁月无声的流逝，你自以为已经走了很远的路，有一天当你突然醒来一看，才知道自己还停留在当初的出发点上。山上已是旌旗烂漫，你却仍然躺在山下的池塘边，顾影自怜。

人有才能是好事，但如果因为自己的才能出众而狂妄自大就不是什么好事了。狂妄往往是与无知和失败联系在一起的，人一狂妄往往就会招人反感，自然也很难得到上司的赏识和朋友的认可。这样的人又怎么会在事业上、生活中有更加长足的进步呢？

狂妄的人总是过高地估计自己的实力，过低地估计别人的智慧。他们认为谁都不如自己，他们永远都是正确的、高高在上的。有的人读了几本书，就自以为才高八斗，无人可比；有的人学了几套拳脚，就自以为武功高强，到处称雄。这些狂妄的结局往往是以失败告终。

一个人有多少本事，别人都看在眼里，不用自己吹来吹去的。如果过于狂妄，往往还会为别人留下笑柄。人们常说"天不言自高，地不言自厚"。狂妄有时候反而暴露了自己内心的虚弱，极力表现自己也是生怕别人触到自己的软肋，说自己不行。

### 做人秘语

一个人越狂妄，他的事业就越难以发展，他的人际交往也就越失败。

# 3. 不要把话说得太绝对

为人且说三分话，未可全抛一片心。有"智慧"的人在生活中很注重把握说话尺度，从不把话说得太绝，以免自打嘴巴。

经理把一项采购任务交给一位员工，这项采购工作有相当的难度，经理问他："有没有问题？"他拍着胸脯回答说："没问题，包君满意！"过了三天，没有任何动静。经理问他进度如何，他才老实说："不如想象中那么简单！"虽然经理同意他继续努力，但工作的进度远远低于经理的要求，经理对他的印象也因此大打折扣。

王帅和同事闹不愉快，气愤万分的他向同事说："从今天起，我们断绝所有关系，彼此毫无瓜葛……"说完话还不到两个月，他的同事成为他的上司，王帅因为自己讲过太过绝对的话，只好辞职他就。

言多必失，酒多必危。在交谈中，你把话说得过满，就会把所有信息展现给他人，自露不足。

一个年轻人想到大发明家爱迪生的实验室里工作，爱迪生接见了他。这个年轻人为表达自己的雄心壮志，说："我一定会发明出一种万能溶液，它可以溶解一切物品。"爱迪生便问他："那么你想用什么器皿来装这种万能溶液呢？它不是可以溶解一切吗？"

年轻人正是把话说绝了，陷入了自相矛盾的境地。如果把"一切"换为"大部分"，爱迪生便不会反诘他了。

把话说得太绝就像把杯子倒满了水，再也滴不进一滴水，再滴进去水就溢出来了；也像把气球灌饱了气，再也灌不进一丝丝的空气，再灌就要爆炸了。当然，也有人话说得很绝，而且也做得到，不过凡事总有意外，使得事情产生变化，而这些意外并不是人能预料的，话不要说得太绝，就是为了容纳这个"意外"。杯子留有空间就不会因加其他液体而溢出来，气球留有空间便不会因再灌一些空气而爆炸，人说话留有空间，便不会因为"意外"的出现而下不了台，方可从容转身。

我们做人时应该注意以下方面：

（1）与人交恶，不要口出恶言，更不要说出"势不两立"之类的话。不管谁对谁错，最好是闭口不言，以便他日需要携手合作时还有"面子"。

（2）对人不要太早下评断，像"这个人完蛋了""这个人一辈子没出息"之类属于"盖棺论定"的话最好不要说，人一辈子很长，变化很多，不要一下子评断"这个人前途无量"或"这个人能力高强"。

当然，有时把话说绝也有实际的需要，但除非必要，还是保留一点空间的好，既不得罪人，也不会把自己陷入困境。

## 做人秘语

我们做人一定要注意：不要把话说得太绝。有些人说话信誓旦旦，处处许诺，结果能做到的很少，泡汤的很多，最终费力不讨好，费心还伤神。

# 4. 得理也要饶人

一个人经历一次忍让，就会获得一次人生的亮丽；经历一次宽容，就会打开一道爱的大门。

一位高僧受邀参加素宴，席间，他发现在满桌精致的素食中，有一盘菜里竟然有一块猪肉，高僧的随从徒弟故意用筷子把肉翻出来，打算让主人看到，没想到高僧却立刻用自己的筷子把肉掩盖起来。一会儿，徒弟又把猪肉翻出来，高僧再度把肉遮盖起来，并在徒弟的耳畔轻声说："如果你再把肉翻出来，我就把它吃掉！"徒弟听到后再也不敢把肉翻出来。

宴后高僧辞别了主人。归途中，徒弟不解地问："师傅，刚才那厨子明明知道我们不吃荤的，为什么把猪肉放在素菜中？徒弟只是想让主人知道，处罚处罚他。"

高僧说："每个人都会犯错误，无论是有心还是无心。如果让主人看到了菜中的猪肉，盛怒之下他很有可能当众处罚厨师，甚至会把厨师辞退，这都不是我愿意看见的，所以我宁愿把肉吃下去。"

待人处事固然需"得理"，但绝对不可以"不饶人"。留一点余地给得罪你的人，不但不会吃亏，反而还会有意想不到的惊喜与感动。

在 18 世纪，法国科学家普鲁斯特和贝索勒是一对论敌。他们围绕定比定律争论了有 9 年之久。他们都坚持自己的观点，互不相让。最后的结果是普鲁斯特获得了胜利，成了定比这一科学定律的发明者。但是，普鲁斯特并未因此而得意忘形，得理不饶人。他真诚地对与他激烈争论的对手贝索勒说："要不是你一次次的责难，我是很难进一步将定比定律研究下去的。"同时，普鲁斯特还特别向众人宣告，定比定律的发现，有一半功劳是属于贝索勒的。

在普鲁斯特看来，贝索勒的责怪和激烈的批评，对他的研究是一种难得的激励，是贝索勒在帮助他完善自己。这与自然中"只是因为有了狼，鹿才跑得更快"的道理是一样的。

普鲁斯特的宽容是博大而明智的，他允许别人的反对，不计较他人的态度，充分看到他人的长处，善于从他人身上吸取营养，肯定和承认他人对自己的帮助。正是由于他善于包容和吸纳他人的意见，才使自己走向成功。

俗话说，得饶人处且饶人。放对方一条生路，给对方一个台阶下，为对方留点面子和立足之地。有"智慧"的人一定懂得留一点余地给得罪自己的人，给对方一个台阶下，少讲两句，得理饶人。否则，不但消灭不了眼前的这个"敌人"，还会让身边更多的朋友疏远你。

如果你得理不饶人，让对方走投无路，就有可能激起对方"求生"的意志，而既然是"求生"，就有可能不择手段，不顾后果。即使在别人理亏时，你在理已明了的情况下，放他一条生路，他也会心存感激，就算不如此，也不太可能与你为敌。

## 做人秘语

　　留一点余地给得罪你的人，给对方一个台阶下，少讲两句，得理饶人，对方可能会心存感激。否则，不但消灭不了眼前的这个"敌人"，还会让身边更多的朋友疏远你。

# 5. 做人要给自己留条退路

　　有"智慧"的人说话做事不会把话说得太满，不会把事情做得太绝，而是在考虑事情时既有全力以赴的进取准备，也给自己留条退路。这样，进可攻，退可守，便没有了后顾之忧。

　　清朝乾隆年间，纪晓岚在任左都御史时，员外郎海升的妻子吴雅氏死于非命，海升的内弟贵宁，状告海升将他姐姐殴打致死。海升却说吴雅氏是自缢而亡。案子越闹越大，难以做出决断。步军统领衙门处理不了，又交到了刑部。经刑部审理，仍没有结果。因为贵宁认定姐姐并非自缢，不肯画供。
　　经刑部奏请皇上，特派大员复检。
　　这个案子本来事并不大，但海升是大学士兼军机大臣阿桂的亲戚，审理官员怕得罪阿桂，有意包庇，判吴雅氏为自缢，替海升开脱罪责。没想到贵宁不依不饶，不断上告，惊动了皇上。皇上派左都御史纪晓岚，会同刑部侍郎景禄、杜玉林，带同御史崇泰、郑徵和东刑部资深已久、熟悉刑名的庆兴等人，前去开棺检验。
　　纪晓岚接了这桩案子，也感到很头痛。不是他没有断案的能力，而是因为牵扯到阿桂和和珅。他与阿桂都是大学士兼军机大臣，并且两人有矛盾，长期明争暗斗。这海升是阿桂的亲戚，原判又逢迎阿桂，纪晓岚能推翻吗？而贵宁这边，告不赢不肯罢休，何以有如此胆量，实际是得到了和珅的暗中支持。

和珅的目的何在？是想借机除掉位居他上头的军机首席大臣阿桂。而和珅与纪晓岚积怨又深，纪晓岚若是断案向着阿桂，和珅能不借机一块儿整他一下吗？

打开棺材，纪晓岚等人一同验看。看来看去，纪晓岚看死尸并无缢死的痕迹，心中明白，口中不说，他要先看看大家的意见。

景禄、杜玉林、崇泰、郑徵、庆兴等人，都说脖子上有伤痕，显然是缢死的。这下纪晓岚有了主意，于是说道："我是短视眼，有无伤痕也看不太清，似有也似无，既然诸公看得清楚，那就这么定吧。"于是，纪晓岚与差来验尸的官员，一同签名具奏："公同检验伤痕，实系缢死"。这下可把贵宁激怒了。他这次连步军统领衙门、刑部、都察院一块儿告，说因为海升是阿桂的亲戚，这些官员有意庇护，徇私舞弊，断案不公。

乾隆看贵宁不服，也对案情产生了怀疑，又派侍郎曹文植、伊龄阿等人复验。这回问题出来了，曹文植等人奏称，吴雅氏尸身并无缢痕。乾隆心想这事与阿桂关系很大，便派阿桂、和珅会同刑部堂官及原验、复验堂官，一同检验。"纸包不住火"，终于真相大白：吴雅氏被殴而死。

于是讯问海升，海升见再也隐瞒不住，只好供出实情：是他将吴雅氏殴踢致死，然后制造自缢的伪像。

案情完全翻了过来，原验、复验官员几十人，一下儿都倒了霉！乾隆发出诏谕："此案原验、复验之堂官，竟因海升系阿桂姻亲，胆敢有意庇护，此番而不严加惩戒，又将何以用人？何以行政？"阿桂革职留任，罚俸五年；叶成额、李阔、庆兴等人革职，发配伊犁效力赎罪，皇上在谕旨中一一判明。唯独对纪晓岚，谕旨中这样写道：

"朕派出之纪晓岚，本系无用腐儒，原不足具数，况且他于刑名等件素非诸悉，且目系短视，于检验时未能详悉阅看，即以刑部堂官随同附和，其咎尚有可原，著交部议严加论处。"只给了他革职留任的处分，不久又官复原职。

纪晓岚在这个案件中之所以得到皇上的原谅，主要是他在验尸中以"我是短视眼""看不太清"为由，给自己留下了退路。

有"智慧"的人总是用最大的努力去争取好的结果，同时做好失败的心理准备、物质准备和应变措施。在追求利益时，既要考虑到成功的一面，也要考虑到有失败的可能，两者兼顾，方能周全。在欲进未进之时，应该认真地想一想，万一不成怎么办？及早地为自己留一条退路。《战国策》中有一句名言叫"狡兔三窟"，意指兔子有三个藏身的洞穴，即使其中一个被破坏了，尚存两个；如果两个被破坏了，还剩一个。这就是一种居安思危的生存方式，也是一种先留退路的预防策略。多准备几手，多设想一下可能出现的困难，多几个应急措施，一旦有了情况，出现问题，就能应付自如。

## 做人秘语

不论做什么事都难有百分之百的把握。所以，在没有成功的绝对把握时，应该先给自己留点余地，以便进退自如。

# 下篇　做事要有策略

　　做事要有看待事情的特殊眼光，看到别人看不到的希望，要抓住机遇，敢于冒险；要把所有的精力集中于一点，专注突破；要学会选择，懂得放弃；要敢于决断，该出手时就出手；要从全局出发，能谋善断，运筹帷幄；要善于从不同的角度去开发思维，力求创新；要在面对挫折时力争奋发，以毅力和坚忍重攀高峰。

# 一、修身养性，做事之本

衡量一个人是否成功，要看他是否具备正直、真诚、善良等优秀的品格，其行为是否对社会有益。如果一个人为了获取财富，采取不正当的手段，不惜损害他人利益，或为了得到权力，极尽投机钻营和阿谀奉承之事，不惜丧失人格与尊严……凡此种种，这样的人，即使富甲一方，权倾一时，也难以受人尊重，更不会对社会有益。这样的人还不是成功者，因为他们还没有获得心灵的自由。真正的成功者不会为了金钱或地位出卖人格，因为伟大的人格本身就是最大的成功。

## 1. 自信，相伴成功之路

只有当一个人有着足够自信的时候，他人才会放弃自己游移不定的意见来追随他。只有当一个人有着足够自信的时候，他才能够在危险紧张的事故面前保持自己的从容镇定，保持自己的稳定和坚强。不是他不在乎凶险与灾难，而是他有着随机应变的机智，以及能够对付它们的实力与准备。正如人们所说的："他能够，是因为他认为自己能够；他不能够，是因为他认为自己不能够。"

我们必须面对这样一个普遍的事实：在这个世界上，成功卓越者少，失败平庸者多。成功卓越者活得充实、自在、潇洒，失败平庸者过得空虚、艰难、猥琐。

为什么会这样？仔细观察、比较一下成功者与失败者的心态，尤其是关键时刻的心态，我们将发现"心态"会导致人生惊人的不同。成功人士的首要标志，在于他的坚强的自信心态。一个人如果心态积极，充满自信，乐观地面对人生，乐观地接受挑战和应付麻烦事，那他就成功了一半。生活中，失败平庸者多，主要是他们的心态有问题。遇到困难，他们总是挑选比较容易的倒退之路，他们往往会说："我不行了，我还是算了吧。"结果只能是走向失败。成功者遇到困难，仍然保持积极的心态，用"我要！我能！""我一定有办法的"等积极的意念鼓励自己，于是便能想尽方法，不断前进，直至成功。

　　这就是积极的心态给一个人带来的力量，是中国商场上常提的"心态决胜负"口号，也是拿破仑·希尔所提的 PMA 黄金定律：一个人能否成功，关键在于他的心态。成功人士与失败人士的差别在于成功人士有积极的心态，而失败人士则习惯于用消极的心态去面对人生。

　　人与人交往，常常是意志力之间的较量。不是你影响他，就是他影响你。这就需要个人有着坚强的自信心和坚定的意志力。命运永远掌握在强者手中。如果我们对自己信心不足，一切都不敢肯定，人生就变得虚浮而没有根了。许多时候我们显得平凡，显得平庸，那是我们不够自信，没能正视自己，没有更深层地挖掘自己的潜力。

　　有一个孤儿，向高僧请教如何获得幸福，高僧指着块奇形怪状的石头，对他说："你把它拿到集市去，但无论谁要买这块石头你都不要卖。"

　　这位孤儿来到集市卖石头，第一天、第二天无人问津，第三天有人来询问。第四天，石头已经能卖到一个很好的价钱了。

　　高僧又说："你把石头拿到石器交易市场去卖。"第一天、第二天人们视而不见，第三天，有人围过来问，以后的几天，石头的价格已被抬得高出了石器的价格。

　　高僧又说："你再把石头拿到珠宝市场去卖……"

　　你可以想象得到，又出现了那种情况，甚至于到了最后，石头的价格已经比珠宝的价格还要高了。

　　高僧其实就是在挖掘孤儿身上所蕴藏的信心和潜力。其实世上人与物皆如此，如果你认定自己是一个不起眼的陋石，那么你可能永远只是一块陋石；如果你坚信自己是一块无价的宝石，那么你可能就是一块宝石。

　　信心是一股巨大的力量，坚定的信心可以产生神奇的效果。信心是人生最珍贵的宝藏之一，它可以使你免于失望；使你丢掉那些不知从何而来的黯淡的念头；使你有勇气去面对艰苦的人生。充满自信的人永远相信，我们所常常抱怨的事业上的困难与挫折，生活中的诸多不如意，不是命运给我们的宿命安排，而只是命运对我们的一种考验而已。相反，如果丧失了这种信心，则是一件非常可悲的事情。你的前途之门关闭了，它使你看不见远景，对一切都漠不关心，使你误以为自己已经不可救药了。

　　陈阿土是个农民，从来没有出过远门。有一次，他总算为自己安排好了时间和旅游费用，参加了一个出境旅游团。国外的一切都是非常新鲜的，关键是，陈阿土参加的是豪华团，一个人住一个标准间。

　　早晨，服务生来敲门送早餐时大声说道："Good morning, sir!"

　　陈阿土愣住了。这是什么意思呢？在自己的家乡，一般陌生人见面都会问："您贵姓?"于是陈阿土大声叫道："我叫陈阿土!"

　　如是这般，连着三天，都是那个服务生来敲门，每天都大声说："Good morning, sir!"而陈阿土亦大声回道："我叫陈阿土!"但他非常的生气。这个服务生也太笨了，天天问自己叫什么，告诉他又记不住，很烦的。终于他忍不住去问导游，知道是什么意思后，他反复练习"Good morning, sir!"这句话，以便能体面地应对服务生。

又一天的早晨，服务生照常来敲门。门一开陈阿土就大声叫道："Good morning, sir!"

与此同时，服务生叫道："我叫陈阿土！"

这个故事告诉我们，当一个人有自信，他人就会相信他；当一个人坚持到底，那些怀疑他的人就会反过来帮助他；当一个人勇往直前，他人就会给他让路。相反的，假如你因为他人的怀疑或批评而犹豫不决，退缩不前，那不用他人的阻拦，你自己先就打败了自己。

罗兰在《风度语萃》一文中说："人们对事情担忧多半是怕这事情的发展会对自己不利。但事实上事情多半有它的两面性。往往你越是用怀疑与戒备的态度去对待，它的结果越是不如意。相反的，如果你对它有信心和足够的善意，本来，不很乐观的事情，也会由于你的光明坦荡而发展为美满的结果。"

能够在遭遇质问或批评时，不动摇自己的信念，不是因为固执，而是因为有那份信心。自信是由知识、见识和力量所形成，充分的自信是由于有足够的准备、高超的见识、卓越的能力，以及独立的判断力。那些对自己有着坚定的信心的人，不是对事情一知半解、盲目自信，而是能够准确地预测、强有力地把握事情发展的方向，掌控自己的命运之舵。

只有当一个人有着足够自信的时候，他人才会放弃了他们那游移不定的意见来附和他。只有当一个人有着足够自信的时候，他才能够在危险紧张面前保持自己的从容镇定，保持自己的稳定和坚强。不是他不在乎凶险与灾难，而是他有着临机应变的机智，以及能够对付它们的实力与准备，正如人们所说的："他能够，是因为他认为自己能够；他不能够，是因为他认为自己不能够。"

有一次，一个士兵从前线归来，将战报递呈给拿破仑。因为路上赶得太急促，所以他的坐骑在还没有到达拿破仑那里时，就倒地气绝了。拿破仑看完战报后立刻下一手谕，交给这个士兵，叫他骑自己的坐骑火速赶回前线。士兵看看那匹雄壮的坐骑及它华丽的马鞍，不禁脱口说："不，将军，对于我这样一个平凡的士兵，这坐骑是太高贵太好了。"拿破仑立即正色说道："年轻人，法国士兵配得上骑任何一匹马。"

有些人之所以没有自信，是他们没有足够的能力去推测以后所可能发生的事，因此不能做出准确的判断，做出及时的决断。当一个人对自己的推测犹豫不决的时候，他人的意见就会乘虚而入，于是难免受到他人的左右。

在这世界上，有许多人，他们总以为他人所有的种种幸福是不属于他们的，以为他们是不配有的，以为他们不能与那些命运好的人相提并论。然而他们不明白，这样的自卑自抑、自我抹杀，将会大大减弱自己的自信心，也同样会大大减少自己成功的机会。

没有自信，便没有成功。一个获得了巨大成功的人，首先是因为他充满自信。人们说"自信是成功的一半"，但它毕竟还不是成功。只有内心充满自信，并采取切实的行动，成功才会来到身边。自信的人依靠自己的力量去实现目标；自卑的人则只有依赖侥幸去达到目的。若不充分认识这一点，有一天你会连原来的一半也丧失。

当你总在不停地问自己："我能成功吗?"这种情况下，你还难以撷取成功的果实；而当你有朝一日能够满怀信心地对自己说"我一定能够成功"时，人生收获的季节离你已不太遥远了。

## 做事真言

信心是一股巨大的力量，坚定的信心可以产生神奇的效果。信心是人生最珍贵的宝藏之一，它可以使你免于失望；使你丢掉那些不知从何而来的黯淡的念头；使你有勇气去面对艰难的人生。

# 2. 诚信乃做事之本

谎言和欺骗也许能得到一时之利，却不能维持长久。如果你的谎言和欺骗行为为人察觉，即使你以后真的有诚意，仍有可能被怀疑是一种狡猾的伪装，非但得不到他人的信赖和依托，还让人时时警惕心生提防。

诚实是一面道德的镜子，要以诚待人、以诚行事、以诚立信，诚实是立身之道，做事之本。

现今时代，在不少人看来，"诚信"似乎有点迂腐甚至有点"傻乎乎"，其实不然。诚信可能会一时吃小亏，但最终会因为这种品质而对自己大有好处。所以，真正善于做事的人，还是会坚持这个诚信的原则。诚信，这些戒律看起来是微不足道的，但是当你真正去寻求真诚并且开始发现它的时候，它本身的力量就会使你着迷，最终，你会明白，几乎任何一件有价值的事，都包含有它本身的不容违背的真诚的内涵。

1835 年，摩根先生成为一家名叫"伊特纳火灾"的小保险公司的股东，因为这家公司不用马上拿出现金，只需在股东名册上签上名字就可成为股东。这正符合当时摩根先生没有现金却想获得收益的情况。很快，有一家在伊特纳火灾保险公司投保的客户发生了火灾。按照规定，如果完全付清赔偿金，保险公司就会破产。股东们一个个惊惶失措，纷纷要求退股。摩根先生斟酌再三，认为自己的信誉比金钱更重要，他四处筹款并卖掉了自己的住房，低价收购了所有要求退股的股份。然后他将赔偿金如数付给了投保的客户。一时间，伊特纳火灾保险公司声名鹊起。已经身无分文的摩根先生成为保险公司的所有者，但保险公司已经濒临破产。无奈之中他打出广告，凡是再到伊特纳火灾保险公司投保的客户，保险金一律加倍收取。不料客户蜂拥而至。原来在很多人的心目中，伊特纳公司是最讲信誉的保险公司，这一点使它比许多有名的大保险公司更受欢迎。伊特纳火灾保险公司从此崛起。许多年后，摩根主宰了美国华尔街金融帝国。而当年的摩根先生，正是他的祖父，美国亿万富翁摩根家族的创始人。

成就摩根家族的并不仅仅是一场火灾，而是比金钱更有价值的信誉。还有什么比让他人信任你更宝贵的呢？信任的基础是什么呢？是人与人之间互相对人品的了解与欣赏，是人与人之间无法用金钱来衡量的真情。

可以说，在现代社会，诚信是经商之本，是打开通往财富大门的金钥匙，是未来社会的通行证！

日本山一证券公司的创始人小池说："做生意成功第一要诀就是诚信，诚信像是树木的根，如果没有根，树木就别想有生命了。"这确是小池的经验之谈，他正是因诚信而起家的。

美国历史上被评为"腌菜之王"的海因茨，100多年来独步全球，并带动了汉堡包与薯条业的兴起，成为世界上最大的食品加工企业的创始人，他成功的哲学，就是"忍耐加诚实"。平时人们对他有极好的赞誉，即使在1875年全美国经济大萧条的情况下，为了守信，他赔本收购，后来连自己的企业也破产了，仍在四处借债履行合约，他坚持自己的信仰："一个诚实的人不会在商场上倒下"。后来他的公司成为商场巨人，他的腌黄瓜、番茄酱全球有名。他的成功是经营理念的成功，也是个人品质的成功。

那么，我们怎样才能做一个真诚的人呢？

首先，要表里如一，不能仅在外表上用功夫。说话表情虽好，而你的内心不诚至多成为"巧言令色"罢了。对方如不是糊涂之辈，定会看出你的虚伪。因为内心不诚，凭你巧言令色，终是难免露出破绽，给对方看出，岂不弄巧成拙吗？相反，内心真诚，即使拙于辞令，拙于表现，却能表现出你的诚实、你的质朴。一个诚实而质朴的人，总能给人以良好的印象和实实在在的感觉，因而走到哪里，都会让人感动。

19世纪英国浪漫主义运动的哲理诗人塞缪尔·科尔里奇曾教导自己的儿子："你不要去做那些眼睛所不能看见的任何事情，也就是我和你同在的时候你不愿意去做的那些事情。

当你做错什么事情的时候，就应该像个男子汉似的立刻去承认错误。你的抱歉也许体现出你的愚拙，但是，他们却能够猜测得到你是一个非常诚实的人。一粒诚实，要远比一磅的智慧强得多。我们可能因某人的聪明和智慧而羡慕他，但我们更因他所具有的美好品质而尊敬他、爱戴他。坚持真理，襟怀坦荡，诚以待人，朴实无华，是造就美好的基石。"

另外，最忌的是平时惯说谎言，喜好欺骗他人。谎言和欺骗也许能得到一时之利，却不能维持长久。如果你的谎言和欺骗行为为人察觉，即使你以后真的有诚意，仍有可能被怀疑是一种狡猾的伪装，非但得不到他人的信赖和依托，还让人时时警惕心生提防。一个惯于说谎、欺骗的人，或者一个声名狼藉的人，不管日后他做什么，在他人眼里，都不过是一场新的把戏。对这种人，惹不起躲得起，人们一见到这种人都会避而远之。在生活中，有的人圆滑机巧，善于八面玲珑，言不由衷。看起来他们工作卖力，成就斐然，但却拥有一个失败的人生，因为他们这种虚伪的性格使他们交不到一个知心朋友，而将自己游离于社交生活的边缘。

因此，要想使自己成为真诚的人，首先就要在平时、在小事上做到完全诚实。当你不便讲真话时，你可以保持沉默，或者只说真话部分，但不要编造谎言，不要去重复那些不真实的流言蜚语。

平时没有养成诚实的习惯，到关键时刻你就得不到足够的信赖，引不起足够的重视。诚信是一种资本，而且是一种永远可靠的资本。有多少人信任你，你就拥有多少次成功的机会。

做事真言

做人诚信者，方可托大事。

# 3. 宽容他人，宽容自己

宽容是对他人失误的容忍，对他人伤害的忘却，是一种释怀，也是对自己的善待。宽容是一种坚强，而不是软弱。不宽容实际上是一种不明智，一种首先是对自己不宽容的不智。宽容者得到宽容与谅解，不宽容者得到的是仇恨狭隘与不快。

古语有云，"江海所以能为百谷王者，以其善下之"，"惟宽可以容人，惟厚可以载物"。宽以容人，就是在交际交往中有较强的相容度。相容就是宽厚、容忍，心胸宽广，忍耐性强。《现代汉语词典》对"宽容"一词的解释是："宽大有气量，不计较或追究。"对此可进一步引申为：宽容是一种良好的心理品质，能以大局为重，对个人的得失不大计较，这是豁达大度的表现。在社会实践中来看，宽容大度确实是生活当中人际交往不可缺少的品格，是使事情变得顺利的一种无形的力量。宽容，可以化干戈为玉帛，变暴戾为祥和，释怨恨为平和，转不满为宽慰。

有位心理学家曾说："人要开拓做事之坦途，首先要学会宽容。"人活在世上，不管多么富有，多么有权势，总有不顺心之事。人的内心矛盾冲突或情绪危机难以解除，同事朋友之间也难免有矛盾、有争执，家庭中夫妻诟骂、兄弟阋于墙、婆媳失和等也不鲜见。如果大家都能心平气和地相处、互相理解，或者事前就能多一分宽容、多一分忍让，这类不愉快的事情是不会经常发生的。只要坚信宽容会给你带来快乐和幸福，并不断培养这种良好的品质，你最终就能从宽容中获得莫大益处。

在现实生活中，有许多事情，当你打算用愤恨去实现或解决时，你不妨用宽容去试一下，或许它能帮你实现目标，解决矛盾，化干戈为玉帛。"开口便笑，笑古笑今，凡事付之一笑；大肚能容，容天容地，于人何所不容"，这是何等的气度与胸怀。能够认同同类，也能够容纳异己，这是大家风范的一个标志，也是自由公正社会公民的权利和义务。

在历史的长河中，那些成就了大事的人，他们无一不是拥有宽容而博大的胸怀的人。也正是因为拥有了宽容的胸怀，才使得他们成就了各自的事业，才使得他们可以在历史的长河中名流千古。唐太宗对魏征宽容，魏征因此敢于直谏，共同开创了"贞观之治"的盛唐局面；蔺相如对廉颇宽容，廉颇负荆请罪造就了"将相和"的一段佳话，共同促成了赵国固若金汤的强盛时期；齐桓公对管仲宽容，管仲感恩而忠心辅佐他，共同成就了齐国强极一时的霸主地位。

我们再来看看美国名将乔治·史密斯·巴顿的故事。

巴顿，战场上的传奇人物，其卓越的军事指挥才能令世人惊叹。1944 年 8 月，盟军虽在诺曼底成功登陆已有两个月，但却被德军围困在诺曼底"灌木篱墙"地区而动弹不得。此时，巴顿带领其第三集团军一举突破了死气沉沉的胶着状态，挥师围攻了布勒斯特，并占领了卢瓦河上的勒芒市，打破了其他集团军未能打破的"灌木篱墙"。巴顿一时成了人们心目中的英雄。

然而，在这场战争中，正是这样一位天才的军事将领，其一般人难以容忍的刚强个性、暴躁脾气也显得异常突出，其行为往往超出了人们的想象。在战争中，他屡次与上司的意见相左，甚至发生拍桌子的事情。为了大局，对于巴顿的冒犯顶撞，上司自然只能容忍。然而，更令人震惊的是，在一次突破莱茵河的战役中，巴顿为了加快进攻步伐，竟然授意部下冒充兄弟部队到友邻那里冒领油料，甚至不择手段，采取偷窃、抢劫的方式把友邻的油料搞到自己部队来。而身为集团军司令，巴顿竟自己开着仅剩最后一点汽油的吉普车到上司那里强行要加满油箱。

巴顿的这些几乎令人难以置信的越轨行为，使得上司大为恼火。但是，恼火归恼火，为了整个战局的顺利进展，他们还是向自己容忍的极限挑战，不对巴顿过多地谴责。正是上司的大度容忍，让巴顿完全放开手脚，取得了莱茵河战役的胜利，率先突破了德军的防线。美军陆军取得巨大胜利，上司脸上也特别光彩。等到战争结束后，上司才提及巴顿在战争中的某些越轨行为。

同是这场战争中，巴顿曾和摩洛哥及投降德国的法国维希政权的人频繁交往。这可是极为敏感的政治问题，华盛顿的高层首脑很是气愤，但并没有处分他，也没有将他从前线调回述职。他们对巴顿的行为装作不知道，毕竟，他们深知巴顿的军事指挥才能，深知他对于这场战争的重要性。

在盟军完全占领德国后，巴顿将军参加了盟军的阅兵仪式。苏联将领出于对这位美国名将的尊重与钦佩，派联络军官和一名翻译前来邀其赴宴。巴顿竟对来人大发脾气，大吼："你们去告诉那个俄国狗杂种，根据他们在这里的表现，我把他们当成仇敌，我宁愿砍掉脑袋，也不同我的敌人在一起喝酒！"

身边的翻译吓坏了，不知如何翻译才好，而巴顿却命令他逐字翻译出来。这几乎酿成一次非常不愉快的外交事件。当时美苏均为同盟成员国，为了共同的敌人法西斯，罗斯福、斯大林、丘吉尔三巨头费了多大的劲才结成同盟。可是罗斯福还是容忍了巴顿，他向苏联领导人解释，说这个巴顿好以顶撞上司为乐，但他对法西斯的仇恨是强烈的，所以可以保证，他在战争中还会发挥重要作用。

还有一次，巴顿竟一边发脾气，一边动手打了两名士兵。这一下惹怒了一些国会议员，巴顿差点受到了军事法庭的审判。这一次，上司艾森豪威尔庇护了他，对其免予追究。当然，他也是考虑到战事为重这一点。

直到后来，巴顿被世人视为英雄，视为军事天才，受到人们的推崇以及广泛宣传时，巴顿才道出了自己的心里话：他把自己的成功归功于上司领导对他的容忍这一点。他说，如果不是一次次被上司容忍着，继续授权给他，他不会有今天，他早已没有领兵打仗的资格了。

人才有人才的特色。其优点是那么突出，其缺点往往也很明显。很多时候，一个才华横溢、能力超群的杰出人才，却往往有着这样或那样的毛病。像巴顿这样有着杰出指挥才能的将军，其缺点竟也是那么的"杰出"。正如新加坡前总理李光耀所说："有才能的人毛病多，这几乎是人类的通病。"在这种情况下，作为领导者，作为他们的上司，又当如何对待呢？

宽容大度，注重发挥人才的长处而容忍他们的缺点毛病，当是考虑解决这个问题的基本原则。有了缺点毛病，自己主动改过，或者领导督促改过，当然是最好不过的了。但如果这缺点终是难改，作领导的，最好的办法便是从自己方面着手，增强自己宽容的度量，宽容他们的缺点。正如李光耀所说："由于我能容忍他们的毛病，所以他们才能在我手下愉快地工作。"

当然不只是上下级关系，人与人之间的交往都应是如此。这个世界很大，每个人都有自己的生存空间，每个人做事都有自己的理由，当他人无意甚或是有意地侵犯到我们时，设身处地为他们想想，看看是否有可以宽恕他们的理由，如果对方真的错了，那么试着原谅对方的错误。要真正做到这一点需要我们有足够宽广的胸怀。其实原谅对方的过错，同时也是你不再拿对方的错误惩罚自己，如果他人错怪了我们而我们再因此难过，那不恰恰是双重犯错吗？

宽容就是在他人和自己意见不一致时也不要勉强。任何人都有自己对人生的看法和体会，我们要尊重他们的知识和体验，积极吸取其中的精华，扬弃其糟粕。法国启蒙思想家伏尔泰有句广为流传的名言："我坚决不同意你的观点，但我誓死捍卫你表达自己观点的权利"，说的也就是宽容和自由的关系。从心理学角度上讲，任何的想法都有其来由，任何的动机都有一定的诱因。了解对方想法的根源，找到他们意见提出的基础，我们就能够设身处地考虑他们的处境，提出的方案也更能够契合对方的心理而得到接受。静下心来，心平气和地寻求事情解决之道，消除阻碍和对抗，才是调和双方关系、使事情变得顺利的最好方法。西德尼·史密斯说："你打算用愤恨去实现的目标，完全可能由宽恕去实现。"

成功人士大都懂得宽容之道，即便是与对手争锋之时。他们知道，对敌人宽容，那不是无奈，而是一种巨大的力量，是力量和自信的标志。

有人批评林肯总统对待政敌的态度："你为什么试图让他们变成朋友呢？你应该想办法打击他们，消灭他们才对！"

"我们现在难道不就是在消灭政敌吗？当我们和他们成为朋友之时，政敌也就不存在了！"林肯总统说。

这就是林肯总统消灭政敌的方法，将敌人变成朋友。今天在以他名字命名的纪念馆的墙壁上刻着的是这样的一段话："对任何人不怀恶意；对一切人宽大仁爱；坚持正义，因为上帝使我们懂得正义；让我们继续努力去完成我们正在从事的事业；包扎我们国家的伤口。"

对于对手的争斗与侮辱，成功学家戴尔·卡耐基也不主张以牙还牙，他说："对待那些可憎之人的简单方法只有一个，即宽容他们并发挥对方的长处。"如果对待自己的对手不是宽容，而是更进一步的仇恨报复，与对手拼个不休，其结果只会耗尽双方的力量和心智，两败俱伤。

宽容是对他人失误的容忍，对他人伤害的忘却，是一种释怀，也是对自己的善待。宽容是一种坚强，而不是软弱。宽容是一种生存的智慧、生活的艺术，是看透了社会人生以后所获得的那份从容、自信和超然。

不宽容实际上是一种不明智，一种首先是对自己不宽容的不智。宽容者得到宽容与谅解，不宽容者得到的是仇恨、狭隘与不快。

**做事真言**

宽容他人，其实就是宽容我们自己。

# 4. 主动表现你的责任心

我们不应该把工作视为取得面包、奶酪、衣服和公寓的一种讨厌的需要，一种不可避免的痛苦，而应该把工作看成培养自己良好品格的途径。如果你对工作少有热情，没有认真的态度，没能表现出自己的责任心，那么你就不可能在工作上取得很大的成就，你会很平庸地走完你的职业生涯。反过来，一个人如果认真地去完成自己的工作，主动地表现自己的责任心，那么他人就会接收到这样一个信号，那就是——你值得信赖！

法国哲学家萨特这样说过："人之为人就在于他是一种必须对自己的行为负责、应对自己的行为负责也能对自己的行为负责的存在，因为真正人性的行为是自由选择的结果而不是什么神或他人的指定。"一个人既然能够自由、理性地选择自己的行为，自然也应该承担选择的失误。

一个人的工作态度折射着人生的态度，而态度决定一个人一生的成就。一个天性乐观的人，对工作充满热情的人，无论他的工作是清洗马桶，还是挖土方，或是在经营一家公司，都会认为自己的工作是一项天职，并且认真地去工作。对工作进行敷衍的人是不会有很大的成就的，假使他不能在工作上尽职尽责，那么他是不会得到赞许的。

一家电脑公司刚刚成立不久，办公的地点是在一个小车库里。公司经营惨淡，历经艰辛，最后终于得到了第一笔生意，买主是名列财富 500 强之内的大公司。全公司员工欢腾雀跃，连卡车司机都感受到了这种氛围，这位司机是一家货运公司的，负责用 18 轮的大卡车将这家电脑公司的电脑送给客户。

但是当他连续开了 8 个小时，停在一个货运站的时候，发现全车的重量高出法定标准的 500 磅，想了想，如果要等到一切程序都完成了，他就会错过交易的时间。

这位司机并未告诉自己这不是我的错，是那家公司的错，忘记了把重量考虑在内。恰恰相反，他一点一点地认真卸下卡车前面和后面的保险箱，移出了多余的水箱，再装上保险箱，将水箱搬到附近的灌木丛里，打算在回程的时候再收拾这些东西。很快，他就顺利地通过了过磅检查。

卡车司机这种认真负责任的精神值得我们学习。

如果你只把目光停留在工作本身，那么即使你是在从事一件很重要的工作，那也是枯燥无味的。我们不应该把工作视为取得的面包、奶酪、衣服和公寓的一种讨厌的需要，一种不可避免的痛苦，而应该把工作看成培养自己良好品格的途径。如果你对工作少有热情，没有认真的态度，没能表现出自己的责任心，那么你就不可能在工作上取得很大的成就，你会很平庸地走完你的职业生涯。反过来，一个人如果把自己的工作认真地去完成，主动地表现自己的责任心，那么他人就会接受到这样一个信号——那就是你值得信赖！

生活中我们会发现，一些人责任心很强，而一些人则不然。实际上责任心也是一种习惯性行为，而且是一种很重要的习惯。责任心是一种非常重要的素质，是做一个优秀的人所必须的。

一位大公司的老板曾经讲过这样的故事：

有个人来他公司应聘，经过交谈，他觉得那个人其实并不适合他们公司的工作。因此，他很客气地和那个人道别。那个人从椅子上站起来的时候，手指不小心被椅子上冒出来的钉子划了一下。那人顺手拿起老板桌子上的镇纸，把冒出来的钉子砸了进去，然后和老板再见。就在这一刻，老板突然改变了主意，将他留了下来。对此，老板说："我知道在业务上他也许未必适合本公司，但他的责任心的确令我欣赏。我相信把事情交给这样的人我会很放心。"

在不少人看来，在工作能力与责任心之间，到底谁强谁弱，没有明确的答案。

在工作中，如果一个人经常爱问"这是谁的错呢?"这样的话，那么他就有爱逃避的嫌疑，如果老说下面这一类的话："没有人告诉我这是为什么啊"，"也没有人告诉我怎么做啊"，"这个命令我根本不清楚"，"都没有人看我做的怎么样"，"我怎么知道自己做的对不对呢?"等等，也都是不大负责的表现。当这样的表现开始出现的时候，他的工作也就开始出现危机，他的事业也会停滞不前。

无论你的工作能力是强还是弱，认真的态度应该是第一位的。那么我们如何来树立认真的工作态度呢?

首先，应该认真地对待领导分给的工作。对于领导吩咐的工作，如果觉得能够锻炼自己的能力，在自己眼中是一件大事，那么就应该认认真真地完成。而如果是一件小事，那么就把它看成是领导让你从头学起、循序渐进的学习机会。

其次，别让自己的小毛病影响了自己的工作。很多时候，公司的业务没有完成，需要员工加班，但老板没有硬性地要求你在晚上或是周末加班，千万不要认为你有选择的余地。一定要记住，大多数的公司都希望你为了公司的利益时不时地牺牲个人的时间。你积极向上的工作态度为公司带来好的发展前途的同时，也会给你个人的升迁带来无限的可能。

再次，要知难而进。很多人在工作的时候，会遇到很多困难而不能顺利地完成自己手头的工作。面对这种问题的时候，不能因为你是新手而畏惧困难，也不能不懂装懂不向其他的同事请教。如果你面对困难无动于衷，或是一味地等他人来帮助你，而不是积极主动地寻找解决问题的方法，那你就有可能最终不能按时完成任务，而且也会使你陷入麻烦当中。

负责任，不仅仅是一种生活态度，更是你在工作中必不可少的一种表现。只有让大家看见、让大家知道你是个很有责任心的人，他们才会从心底乐意将事情交给你，或与你合作。如此，你不妨有意识地主动表现出你的责任心。

美国著名教育家威廉·贝内特说："不负责任的行为就是不成熟的行为；负责任、尽义务是成熟的标志"，"负责任的人是成熟的人，他们对自己的言行负责，他们把握自己的行为，做自我的主宰。"当一个人在不断的成长过程中，懂得了对自己的行为负责任时，他便能快速走向成熟，并成为能担当重任的人。

美国总统里根12岁时，一次他在踢足球时，不小心打碎了邻居家的玻璃。邻居向他索赔125美元。在当时，125美元是笔不小的数目，足足可以买125只生蛋的母鸡！闯了大祸的里根向父亲承认了错误，父亲让他对自己的过失负责。男孩为难地说："我哪有那么多钱赔人家？"父亲拿出125美元说："这钱借给你，一年后要还我。"从此，小里根开始了艰苦的打工生活。经过半年的努力，终于挣够了125美元这一"天文数字"，还给了父亲。后来，里根在回忆这件事时说，通过自己的劳动来承担过失，使他早早就懂得了什么叫责任。这一点，也是他后来走向成功的一个重要因素。

在社会实践中，有些人不懂得表现自己的责任心，却一味地寻找借口推卸责任，侥幸过关之后还内心窃喜，自以为高明。其实，他不知道，他不负责任的行为留在了他人的心里，让人感觉到他还不成熟、做事不稳重，这样一来，自然也难以得到他人的认可、他人的信赖。一个不负责任的人，同事不愿与他合作，老板不敢对他委以重任，等待他的，便只有黯淡、失败的人生。

不要忘了加强自己的责任心，更不要将自己的责任心藏在深处，让他人费力揣测也难以发现。

# 5. 适可而止，收束欲望

古人云："福莫大于知足"，"知足不辱，知止不殆"，古代圣贤的这种处世智慧，当是最好的人生信条。托尔斯泰说："欲望越小，人生就越幸福。"要有知足知止之心，要谨慎自己的贪欲之心，要有长远的目光，不要被眼前的利益蒙蔽了双眼。

拿破仑说过："不想当将军的士兵不是好士兵。"这句话说的是每一个正常的人都想在自己的生活或事业中成为一名强者。它曾经给过千千万万追求成功的人以激励，以鼓舞，以不断进取的动力。有着远大的梦想、有着追求成功的强烈欲望，这是人的正常心理，也当是每一个人所应有的追求。"人类因梦想而伟大"，如果一个人没有一点野心的话，那么他的一生也就是注定沦于平庸，或者完全失败。说到底，没有欲望，何来动力，没有目标，又如何追求呢？

可是，是不是有目标就一定要大声地向众人宣布——我要成为什么什么人，我要达成什么什么目标呢？当然不能。因为如果你那样做了，很可能会适得其反。你无异于将自己暴露在众人面前，暴露在一个不安全的环境里，各种力量会在你凸显的欲望里人为地增加障碍，施加压力，不消多久，你的梦想便可能因外力而破灭。

那么，我们又当如何来掩饰自己藏在胸口的那一份永恒不变的追求呢？最安全的办法，就是要让他人认为我们不是一个胸怀大志、野心勃勃的人，而是一个很容易就知足的人。与此同时，我们的知足也很容易让人有亲近感，因为人们总是喜欢知足的人，而讨厌那种傲视一切、想得到一切的人。关于这一点，有人打了个这样的比方：如果你表现得很知足，不会和他人的野心冲突，那么你就等于"把自己放在一个保险箱里"。

古人云："福莫大于知足"，"知足不辱，知止不殆"，古代圣贤的这种处世智慧，当是最好的人生信条。托尔斯泰说："欲望越小，人生就越幸福。"要有知足知止之心，要谨慎自己的贪欲之心，要有长远的目光，不要被眼前的利益蒙蔽了双眼。

能够博得好感，又能将欲望巧藏于心，这不就是你所希望的在职场中所呈现的状态么？那么，从现在开始，你就应该学习如何从知足开始，打造你事业步步为营的战略战策。

在生活中，很多人常有一种不拿白不拿、不吃白不吃的念头！殊不知这个念头一出，由此而产生的行为便可能损害他人的利益，让人好感尽失甚至心生厌恶。或许他人可以容忍这种行为，不大在乎，但如果能懂得适可而止的话，他人就会对你有更好的印象与评价。可惜的是，社会上还是存在不少这样的情况：人际关系一次用完，做生意一次赚足！以为自己这样做是聪明，得了便宜，殊不知这是在断自己的财路！

欲望不停地诱惑着人们去追求物欲的最高享受，然而过度地追逐利益，追逐物质的享受，往往会使人迷失生活的方向。因此，凡事适可而止，才能把握好自己的人生方向。俗话说，贪心图发财，短命多祸灾。心地善良、胸襟开阔等良好的品性，才是健康长寿之本。贪图小便宜，终究是要吃大亏的。

人的欲念无止境，当得到不少时，仍指望得到更多。因此，贪婪是一种顽疾，人们极易成为它的奴隶。18世纪法国哲学家丹尼斯·狄德罗，一日接到了朋友送的一件质地精良、做工考究、图案高雅的酒红色睡袍，他非常喜欢，穿着华贵的睡袍在家里踱来踱去，越踱越觉得家具不是破旧不堪，就是风格不对，地毯的针脚也粗得吓人。慢慢地，旧物件挨个儿更新，书房终于跟上了睡袍的档次，狄德罗终于坐在帝王气十足的书房里，可他却觉得很不舒服，因为"自己居然被一件睡袍胁迫了"。后来，人们就将不断追逐物质享受的攀升消费模式称为"狄德罗效应"。

在今天，随着现代科技带来的现代生活方式，这种"狄德罗效应"无处不在。人们疯狂地追逐金钱，追求享受。在这种情况下，就更应该懂得收束自己的欲望，凡事适可而止才行。生活之道，快乐之道，原本在于自然，在于简单。

一个贪求厚利、永不知足的人，等于是在愚弄自己。贪婪是一切罪恶之源。贪婪能令人忘却一切，甚至自己的人格。但丁在《神曲》中曾一再指出："骄傲、妒恨和贪婪好比三颗星火，使一切人的心熊熊燃烧。"

大千世界，万种诱惑，什么都想要，会累死你，该放就放，你会轻松快乐一生。贪婪的人往往很容易被事物的表面现象迷惑，甚至难以自拔。事过境迁，后悔晚矣！

得到的越多就越想得到，像一个雪球一样，越滚越大，可是当雪球滚到一定程度的时候，就再也推不动了。从长远的发展来看，这无疑是有害的。因为你的欲望赤裸裸地展现在光天化日之下，你不知足，所以你令人讨厌，你的魅力就打了大大的折扣。人们因此开始疏远你，开始戴有色的眼镜来看你，于是，你周围的环境就开始给你带来了一个恶性的循环。

如果你的上司给你的工资并不高，和你的工作贡献远远不成正比，那你不妨暂时不要在上司面前表现出来你很想要加薪，而是依旧兢兢业业地工作。上司会看见你的优点、你的努力，他因此会记住你，因为你并不像他所司空见惯的很多职场员工一样，紧紧盯着他的钱包看。还有什么比给上司留下好印象更重要的呢？

　　如果你的同事在老板下达任务之后，分给你相对他而言多得多的工作，你也可以在他的面前表现得知足一些，让他知道，你是很乐意去做的。因为他重视你才让你来完成这份艰巨的任务，他不给他人而给了你，说明他看得起你，有了这样知足的心态，你的同事会很乐意的和你共同做事的。他的心也在不知不觉地往你这边靠，至少他会觉得你比其他的人会更加懂得什么叫知足。当有一天，员工圈里出现明争暗斗的欲望冲突的时候，可能他第一个忽略的人就是你了，因为你看起来是那么的勤勤恳恳，很知足，他的矛头至少不会第一个指向你。

## 做事真言

　　任何时候都要有自己的主见和辨别是非的能力，不要被假现象所迷惑。要从长远的目标出发，让自己看起来是一个知足的人，同时也要学着做一个知足的人。

# 二、运筹帷幄，及时决策

成功人士时刻都充满了危机感。因为他知道，人生充满了变数，风险无处不在，许多风险因素是自己所不能完全控制的。这就意味着人生不可能总是平平安安，一帆风顺。古语云："人无远虑，必有近忧"，如果你没有远虑，没有危机感，没有及早做好充分的准备，对于可能发生的事情缺少应对的策略，一旦生活出现危机，你就只能仓促应对，甚至变得惊惶失措，束手无策。孟子说过："生于忧患，死于安乐"，没有一点远虑的人最终会被眼前的安乐所葬送。在生活中如此，在商场上就更是如此。

## 1. 叶落知秋，未雨绸缪

做事应该未雨绸缪，居安思危，这样在危险突然降临时，才不至于手忙脚乱。《孙子兵法》有一段关于预见的精妙的论述："夫未战而庙算胜者，得算多也；未战而庙算不胜者，得算少也。多算胜，少算不胜，而况于无算乎？"孙子关于庙算的思想，道出了运筹帷幄的奥妙。

凡事预则立，不预则废。没有科学的战略预见，你就不可能取得胜利。因此，我们必须善于洞察事物的细微变化，见一叶而知天下秋，在此预见的基础上，为事情做好进退的准备。

"站得高才能看得远"，这句古话想必谁都明白，它说的就是会做事的人能够从事物的目前状况准确地预知其将来的发展趋势，能够由事物的局部表现而推知其全体状况，他们具有见微知著的本领，有"窥一斑而知全豹"的智慧，因而能够防微杜渐，防患于未然。

很显然，任何事物的成长都有一个过程，要了解事物的成长发展方向，要从它开始产生的那一刻开始观察，因为刚产生的事物虽弱小，却已经蕴含了它如何发展，将发展到什么程度的诸多因素。于是知道了一个事物的发展趋势，就可以采取适当的应对措施，从而使自己立于不败之地。

这就要求我们做人做事，都不能过于莽撞，一定要看清摆在自己面前的各种利弊，学会变化角度，从最有利于自己的地方开始突破。会处理事情的人，能从事物细微的变化中准确地推知事物未来的发展趋势，他们会未雨绸缪，先人一步。

英国人艾伦·莱恩，年轻时就继承了伯父的事业，出任希德出版社的董事。但在当时，出版社的处境已是举步维艰，莱恩绞尽脑汁，试图另辟蹊径，使出版社"柳暗花明"。终于有一次，当莱恩在一个候车室旁的书摊上漫无目的地扫视时，他突然发现，书摊上除了高价新版书外，几乎没什么真正值得阅读的好书，即便是好书，这些书大部分都是价格昂贵的精装书。

这个发现触动了莱恩的灵感："要想赚大钱，出版价格低廉的平装书是个好办法。"因为精装价格很贵，一般老百姓根本买不起。莱恩出版廉价丛书的计划在英国出版界引起了强烈的反响。有人说这会严重影响整个图书界，有人说这是自取灭亡。但莱恩认定之后，毫不动摇。

第一套平装系列丛书共 10 本，规格也比精装本缩小了。这不仅节省了封面制作的成本，也节省了纸张，再加上莱恩决定以购买再版图书重印权的方式出版这 10 本书，因而大大降低了成本费。莱恩把每本书的价钱压到 6 便士，这样，人们只要少吸 6 支香烟就可买到一本书。此外，他还来了个新奇的创举，在这套书的封面上设计了一个逗人喜爱的丛书标志物——一只翘首站立的小企鹅，以此吸引读者的注意。因此，莱恩把这套丛书起名为《企鹅丛书》。莱恩还用颜色表示图书的类别：紫色为剧本，浅蓝色为传记，橘红色为小说，灰色为时事政治读物，绿色为侦探类作品，黄色为其他类别读物。这一系列的改革使这套书不仅在外观上鲜艳明快、让人耳目一新，而且在装订上显得简单朴实，印刷上更是字迹工整。

1935 年 7 月，第一批 10 卷本《企鹅丛书》正式问世，在不到半年时间里，这套书就销售了 10 万册。

莱恩另辟蹊径，使祖上流传下来的图书家业"柳暗花明"。我们做人做事，都不能太莽撞，一定要看清摆在自己面前的各种利弊，学会变化角度，从最有利于自己的角度开始突破。

策略是什么？是为了达到成功、实现目标的工具，是建功立业、成大事的资本，是圆融通达的处事智慧。凡能做大事者，皆能攻防兼备，锁住难题，待势而动，在无声无息中扑向成功。天下大事都是人做出来的，你只有在大事中动尽脑筋，用最智慧的策略，才能够为自己打开人生的一扇扇大门。策略是做事的技巧，善用策略才能成大事。做人做事更离不开策略，没有策略的做人做事，一定是做到哪儿算哪儿，做到怎样算怎样，全凭自己的运气来，失败几乎是必然的结局。

成功人士时刻都充满了危机感。因为他知道，人生充满了变数，风险无处不在，许多风险因素是自己所不能控制的。这就意味着人生不可能总是平平安安，一帆风顺。一旦有一天某个因素发生变化，就有可能遭遇危险乃至失败。古语云："人无远虑，必有近忧"，如果你没有远虑，没有危机感，没有及早做好充分的准备，对于可能发生的事情缺少应对的策略，一旦生活出现危机，你就只能仓促应对，甚至变得惊惶失措，束手无策。孟子说过："生于忧患，死于安乐"，没有一点远虑的人最终会被眼前的安乐所葬送。在生活中如此，在商场上就更是如此。一位外国巨商这样说道："在今天，你不只是与国内的业者竞争，世界各地都有跃跃欲试的敌人，随时向你传来致命的一击，而且，你还得主动和自我竞赛。"

学会居安思危，能够使人们在人生道路上怡然自得，欢乐度过人生。我们在生活中难免会遇到这样或那样的困难与挫折，甚至有时会祸从天降。面对这一切，对于没有准备的人来说，他只能是抱头痛哭，怨天尤人；而对有准备的人来说，却可能会因祸得福，柳暗花明，走出一片新天地来。如果说机遇常偏爱那些有准备的人，那么祸神就易光临那些没有准备的人。会居安思危的人在困难降临时，甩甩头，耸耸肩，让困难离他而去，没有半点恐慌。

做事应该未雨绸缪，居安思危，这样在危险突然降临时，才不至于手忙脚乱。很多人不论干什么事情都喜欢临时抱佛脚，其实如果平常不做好充分的准备，就算临时抱佛脚也无济于事。

《孙子兵法》有一段关于预见的精妙的论述："夫未战而庙算胜者，得算多也；未战而庙算不胜者，得算少也。多算胜，少算不胜，而况于无算乎？"孙子关于庙算的思想，道出了运筹帷幄的奥妙。

## 做事真言

我们必须做到居安思危，未雨绸缪，提高自己的预见能力，防患于未然，使自己始终掌握竞争的主动权。

# 2. 幸运女神钟情有准备的人

在这个瞬息万变的社会里，任何行情信息，都不是静止不动、固定不变的，而是经常随着客观情况的变化而波动。假如你希望成大事，那么就请你停止抱怨没有机会，先仔细看看你周围的环境，但必须站得高一点、看得远一点，别被变幻不定的虚假信息所迷惑，预先做好准备和谋划，为机会的到来创造条件。

有些人总是发出如此感慨："如果给我一个机会，我也能……"他们把自己的命运系在渺茫的等待上，他们总是无法成功。因此，他们一直都在抱怨着自己的命运，并继续坐等机会的到来。与此相反，成功人士恰恰不是一天到晚在抱怨中等待机会的人，而是善于捕捉机会为自己腾飞的。那么成功的人们是如何得到机会，并取得成功的呢？我们来看一则典型例子：

美国克苏尔公司总裁查理在被问及是什么导致他有机会成大事时，他这样回答："我能确切地告诉你，因为这似乎就发生在昨天。在学校读书期间，我与一个从衣阿华州来的同学同住一间寝室。一天晚上，当我们一伙人团团围坐谈论生活时，他走了进来。我敢说他很兴奋，但是在大家离开前他没说什么。人们刚走，他就禁不住对我脱口而出：'我家发财了！我的母亲今晚打电话给我，说今天早晨她去信箱取邮件时，发现一张票额为 8.9 万美元的支票。'最初的惊奇之后，我的反应是难以掩饰的嫉妒。我向他了解事情的全部经过。他说：'我了解的也不够确切，但是我猜测是这么一回事：我父亲在 30 年代经济萧条时买了一些股票，后来全忘了，最近这公司正好拍卖了，这钱就是他的股票兑换所得。'"

查理继续说："那个晚上我躺在床上，很久睡不着，在想：为什么这事发生在他家，而不是在我家里？为什么是他得到了钱而不是我得到了钱？最后，我试图系统地分析这件事。我想：在我的生活中有什么机会可能给我带来这样一笔"横财"呢？我悲哀地意识到什么机遇也没有。我没有能涨值的股票，而且，据我所知，我家也没有。我既没有一块或许会突然发现储藏石油的土地，也没有可能被证明是名作的藏画；我也没有什么才能能在一个夜晚奇迹般地被人发现，从而一举成名——我没有任何能使我马上发迹的东西。躺在床上，我默默告诫自己：'查理，假如你希望在你的生活中也获得那样的机遇，你必须播种，而且最好多播种，因为你尚不清楚哪一粒种子会发芽。'从那以后，我一直在播种，其中有几粒种子已经发芽了，因此我才有今天这样的成就。"

俗话说："种瓜得瓜，种豆得豆"、"一分耕耘，一分收获"，从查理的话中我们可以知道他是通过不断播种，不断准备，才在自己的生活中取得成大事的机会的。

平时我们常会这样想：为什么有的人总能得到比他人更多的机遇？为什么面对同样的机遇有人成功了，有人却失败了？为什么有些资质原本不好的人却能得到命运的垂青，而那些天资甚佳者却最终庸碌无为？为什么成功者总显得比他人幸运？

其实，只要我们认真分析，就会发现成大事的人之所以能够获得命运的青睐，又能在机遇来临之时牢牢地抓住机遇，就是因为他们较之常人为此进行了更为漫长和充分的准备。他们就像一颗颗在黑暗的泥土中积蓄能量的种子，一听到春风的呼唤，就破土而出，长成了一棵棵挺拔的参天大树。

另一种角度来讲，机遇是被人创造出来的，是人的主观能动性和外界环境变化的客观必然性的结合。一方面，主观条件的增强会影响到客观环境的变化，使好的机遇更容易产生；另一方面，当好机遇出现后，那些自身素质较强的人，那些为机遇的来临做了充分准备的人，就更容易接近和抓住这些机遇。

在这个瞬息万变的社会里，任何行情信息，都不是静止不动、固定不变的，而是经常随着客观情况的变化而波动。假如你希望成大事，那么就请你停止抱怨没有机会，先仔细看看你周围的环境，但必须站得高一点、看得远一点，别被变幻不定的虚假信息所迷惑，预先做好准备和谋划，为机会的到来创造条件。

大家都知道，虽然不懈努力的结果是事业有成，但很多时候，要想成就一番事业还真离不开幸运女神的恩赐。因此，善于成事者总是时刻准备与幸运女神接近。我们也知道，没有人会主动给我们送来机遇，机遇也不会主动来到我们的身边，所有的机遇都只能靠我们自己去主动争取。所以，成大事者总是善于这样做：有机会，抓机会；没有机会，创造机会。

如果你想体会收获的惊喜，那么不要徒羡他人的运气，如果你想在以后得到什么，那么现在就请开始为将来的收获准备。

原本是一件看似毫无希望的事情，在竭力主动争取后竟柳暗花明有了转机，而且最后还获得了出人意料的好成绩！可见准备的力量不可小觑。在这个世界上永恒的只有时间，所以从某种意义上说竞争的实质就是时间的竞争。如果你能主动出击抢先一步，那么你就是强者。做事就是这样，如果你不下手，他人就会下手，所以想把事情做好，就得时时刻刻准备好，把办事的主动权握在自己手里。当代最伟大的篮球巨星迈克尔·乔丹说过一句话："我不相信被动会有收获，凡事一定要有所准备。"有所准备，才能抢占先机。如果你能在准备就绪后采取主动，你就能掌握事情的大局面。

然而，总是有一些人非常被动，也不喜欢准备，他们喜欢站在原地，等待他人来向他问候，等待机遇主动送上门来。可想而知，这样的人是没有办法成功的。成功人士和平庸之辈，是两种截然不同类型的人，成功人士绝大部分是有准备的人，是积极主动的人；而那些庸庸碌碌的人则有很多都是消极被动的人。只要仔细研究这两种人的行为，就可以找到一个成功原理：积极主动的人都是不断做事的人，他凡事立刻就去做，直到成功完成为止。消极被动的人，总是放弃现在，等待明天，直到最后他证明这件事不应该做、没有能力去做，或已经来不及做了为止。

霉运是消极思想所形成的，而开放、乐观的态度，都能造成良性循环，制造出更多的幸运。消极被动常常是事业难有所成的根源。有许多方案被搁浅，计划被撤销，时间被耽误，往往都是因为在该说"我现在就去做，立即动手"时，却在舌头上拐了个弯，说成"让我考虑考虑，明天我会去做的"。这种消极被动的态度，最终只能使成功的几率大大减小，而失败的几率大大增加。

从现在开始，停止抱怨，仔细看看你周围到底有没有机遇。如发现有利的机遇，立即行动；如果暂没发现机遇就当为机遇的到来创造条件。能稳操胜券者从不等待幸运女神来敲门，那些一味等待的，其最终的结果只可能是在无休止的等待中耗尽自己的生命。

**做事真言**

一件事情的成败与否，关键就是能否掌握决定权。做好充分准备，接着主动出击，才可能把决定权牢牢掌握在自己手里。

# 3. 思路引导出路

很多人总是在遭遇危机的时候，才想到要改变，但到了这一步已经太晚了，应该未雨绸缪，在最好、最得意的时候，发展最快的时候，就要考虑改变。将来的失败往往就是从现在错误的思路开始的。不管是对是错，始终坚持一条道路走到底，并不是忠诚和毅力的表现。持有这种思想的人也将难以在社会上取得一席之地。所谓"东方不亮西方亮"，预料到当一条道路势必进入死胡同时，就应及时悬崖勒马，转换方向，寻找另一条新的出路，这才是真正的智者所为。

大多数人追求成功时，选择传统模式，也就是那些被无数人的双脚证明过的平坦大道。没有了跋涉的艰辛和开拓的风险，他们自然也就无法体味创造的快乐和收获的喜悦。其实，通向成功的路不止一条，但当大多数人的选择相同时，也就可能意味着这条大路的终点未必能如你所愿，毕竟，获得成功的只是少数。这个时候就需要你能提前发现这一点，及早改变思路，选择另外一条道路。就像外出旅游，如果跟团的话，所有的游人都听从导游的安排在规定的时间内走既定的路线，那是欣赏不到多少大自然的美的；但如果你是背包自助游，一个人或几个人自己尝试着去开辟自己的道路，就可能会看见他人看不到的风景。

中国古代最著名的谋略家姜子牙就是这样一位懂得"与其苦守阵地，倒不如另辟蹊径"的智人。

姜子牙生活在商朝末年，当时纣王无道，荒淫无度，社会矛盾急剧激化。与此同时，商王朝周围各诸侯国迅速崛起，特别是西伯姬昌，即后来的周文王，励精图治，大有取代殷商之势。

姜子牙生逢乱世，虽有经天纬地之才，无奈报国无门，潦倒半生，曾在宫中做过多年小吏，虽然职低位卑，但却处处留心。他看到商纣王整天沉湎酒色，荒废国政，几次想冒死进谏。一则想救民于水火，二则可以因此受到商纣王的赏识，实现自己的抱负。然而姜子牙后来见到大臣比干等人皆因直谏而送了命，预料到商纣王已不可救药，商朝气数已尽，因而不愿糊里糊涂地为无道的商纣王殉葬。

于是，他便决定另投明主，改换门庭。当时，姬昌立志复兴周国，除掉纣王，求贤若渴，正是用人之时。姜子牙为了一开始便能获得姬昌的器重，便采取欲擒故纵的策略，在渭水之滨的兹泉空钩垂吊以引起姬昌的注意。二人果然一见如故，纵论天下大势，姬昌更觉相见恨晚，回宫之后，立即拜姜子牙为太师，视为心腹。

从此以后，姜子牙官运亨通，飞黄腾达，并且为灭商兴周立下了巨大的功劳。

俗话说，姜太公钓鱼，愿者上钩。姜子牙，在商纣王这棵朽木即将倒下，无法再行依靠的时候，果断地弃暗投明，"事二主"做了周朝的太师。倘若他愚顽地认定"忠臣不事二主"的陈腐观念，恐怕到老也不过是商纣王中一个叫不上名字的小官吏，永无出头之日。事实证明，姜子牙的举动无论是对于自己，对于武王，还是对于商周子民都是有利的，他的处事方法是值得后人借鉴的。

坚持真理没错，但是当你发现你坚持的东西已经错了或者已经过时，就不能一错再错。这样的道理用在当代社会，尤其是在职场上，如果一个人想象缺乏创新性，他的行动就容易流于重复和寻常；如果不会打破常规，进行发散思维，办事就容易显得笨拙和呆板。而如果在遇到比较棘手的问题时，懂得转换思维方式，正面难攻就出以奇兵，那你就能将难事化易，大事化小。正如《孙子兵法·势篇》中说："凡战者，以正合，以奇胜。故善出奇者，无穷如天地，不竭如江河。"其意思是：大凡作战，一般是以"正"兵挡敌，用"奇"兵取胜。所以善于出奇制胜的将帅，其战法变化如天地运行那样变化无穷，像江河那样奔流不竭。

成事之道源于思考，思路能够决定出路，按照皮鲁克斯《成就一生事业的72个法则》一书的说法，思路是成功之路的指针。如果想心想事成，按照成功的概率讲，最有效的办法是：独辟蹊径，出奇制胜。有些问题，按常规的方法思考，往往得不到正确的答案。如果把问题反过来思考，或者换另一个角度来考虑，打破常规的框框，问题反而就解决了。所以在山重水复疑无路的时候，试着使用标新立异的思考方法，可能就能使你得到意想不到的效果。

在风光秀丽的菲律宾首都马尼拉市，有一家世界唯一的"矮人餐馆"。上至经理、下到厨师、服务员都是身高不过 1.3

米的矮人，最矮的只有 0.67 米。他们以奇特的服务方式吸引顾客。当顾客来到餐馆时，马上会受到一位头大身子小的矮人的热烈欢迎。服务员们会笑容满面地向顾客递上擦脸毛巾；当顾客在舒适的座位上坐定后，又会有一位矮人服务员捧着几乎与自己身高相等的精致的大菜谱，请顾客点菜。由于他们动作滑稽可笑，顾客们拿着菜谱时，往往都笑得合不拢嘴，拥有了极佳的就餐心情。

餐馆的老板是美国的吉姆·特纳，吉姆身高只有 1.1 米，是名副其实的侏儒。初到马尼拉，酒店如云，各家竞争十分激烈。他开始经营餐馆时并没有想到搞什么惊人的绝招，只是招了一些年轻的姑娘和小伙子当服务员。这个做法与别家餐馆没有什么区别，但在顾客越来越少的情况下，吉姆下决心将餐馆彻底改革。

一天他在大街上行走，忽然有个大头颅、小身子的矮人映入眼帘。这矮人看上去最多 1 米高，相貌十分有趣，这样的人平常是很难碰上的。对呀！如果这样的矮人当餐馆服务员，顾客准会感兴趣。吉姆·特纳灵机一动，一套完整的计划在脑中形成了。他叫住这个人，问道："你叫什么名字？""比鲁。""你愿意帮我开餐馆吗？我可以让你当经理。""愿意，先生。"比鲁答应得很干脆。

第二天，比鲁帮吉姆·特纳在报上登了一个招聘矮人的广告，待遇优厚。没过几天就形成了一支以比鲁为首的"矮人队伍"。没过多久它的奇妙之处就闻名遐迩了，当然其他餐馆也就只好甘拜下风了。

矮小的侏儒本来是人的一个很大的短处，但是吉姆·特纳却采用了"逆传统"的做法，适应一些顾客追求"新、奇、特"的心理，出奇制胜，"让矮变长"，从而取得了巨大的成功。由此可见，打破常规，采用奇招、怪招，往往能取得出人意料的绝佳效果。

看看你身边的员工，那些老老实实、安分守己、兢兢业业的人通常都是最缺乏创造力的。对于他们而言，平实稳定的生活才是关键。但是，老板更需要的是能够推动新的产品、能够开拓新的销售空间、能够向公司提出好的建议的人。而那些一成不变的老实人多半都只会维护已定型的生产模式、销售渠道等。有些人问："按照你这么说，那么我长久坚持的好习惯都要打破才行吗？"其实习惯的好坏很难下定论，必须通盘考虑对一个人甚至对他周边的人的影响。你想想，如果你长久坚持的习惯其实完全妨碍了你其他方面的秉性，并且对身边的人产生妨碍，这样的习惯是好是坏呢？好习惯是什么？能够充分挖掘自身潜能的习惯才是好习惯。但是需要提醒的一点是，任何好的东西追求到极致，也会产生负面影响。

成功者之所以成功，因为他们善于打破传统，自创方法，并使得结果完全改观。当许多人说"不"的时候，也许就是他们改变的时机到了。而绝大多数人宁愿相信，遵守既定规则是非常重要的概念，否则，如果人人都想要打破规矩，岂不是天下大乱？然而，管理专家强调，这只是一种鼓励突破思考的方法，让你更准确、有效地达到目标。换句话说，"要打破的是规则，而不是法律。"通常情况下，具有突破性思考特征的人，他们和旧式的行业规则格格不入，对每件事都产生质疑，不喜欢墨守成规，偏爱自由闯荡。

很多人总是在遭遇危机的时候，才想到要改变，但到了这一步已经太晚了，应该未雨绸缪，在最好、最得意的时候，发展最快的时候，就要考虑改变。一般人最可怕的心态是，习惯于某一种固定的模式，他们认为："我过去做得很好啊！为什么要改变？"他们丝毫没有察觉，其实，将来的失败往往就从现在错误的思路开始。不管是对是错，始终坚持一条道路走到底，并不是忠诚和毅力的表现。持有这种思想的人也将难以在社会上取得一席之地。所谓"东方不亮西方亮"，预料到当一条道路势必进入死胡同时，就应及时悬崖勒马，转换方向，寻找另一条新的出路，这才是真正的智者所为。

其实，成功并不像我们想象中的那样难，不需要"劳其筋骨，饿其体肤"，也不用"三更灯火五更鸡"、"头悬梁，锥刺骨"，这些古人励志的警醒之语在崇尚思维价值的今天已经失去了作用。我们更应该明白的是，当大家拥挤在同一条大路上，你不妨改变思路，让思维转个弯，寻找一条更偏僻更新奇的道路。

**做事真言**

拥有不同于常人的选择，你会得到意想不到的结果。

## 4. 终止零和游戏，谋求共赢

在合作中不要耍小聪明，不要总想占他人的便宜，而自己却不肯付出任何代价。要遵守"要竞争也要合作"的游戏规则，否则"双赢"的局面就不可能出现。

当你看到两位对弈者时，你就可以说他们正在玩"零和游戏"。因为在大多数情况下，总会有一个赢，一个输，如果我们把获胜者计算为 1 分，而输棋者计算为－1 分，那么，这两人得分之和就是：$1+（-1）=0$。这个等式表明，游戏者有输有赢，一方所赢正是另一方所输，游戏的总成绩永远是零，这正是"零和游戏"的基本原理。零和游戏原理之所以广受关注，主要是因为人们发现在社会的方方面面都能发现与"零和游戏"类似的局面，胜利者的光荣后面往往隐藏着失败者的辛酸和苦涩。从个人到国家，从政治到经济，似乎无不验证了世界正是一个巨大的"零和游戏"场。

但 20 世纪人类在经历了两次世界大战，经济的高速增长、科技进步、全球一体化以及日益严重的环境污染之后，"零和游戏"观念正逐渐被"双赢"观念所取代。人们开始认识到"利己"不一定要建立在"损人"的基础上。

彼特是一位会计师，满怀雄心壮志的企业新贵，凡事精打细算，不浪费任何资源，不放弃任何机会，要让自己随时保持在优势状态，无论大、小事情，绝不让他人占自己丝毫便宜，他甚至还运用了一些神不知、鬼不觉的手腕，把许多同业人士压在自己底下，以确保自己的地位。果然，彼特获得了丰厚的收入，占尽了所有的好处，成了一个高高在上的商场大亨。可是他并不快乐！总觉得生活中好像少了点什么，于是他越来越忧闷，越来越没笑容，最后，得了轻微的忧郁症。他去看一位心理治疗师，治疗师在了解了他的情况后，写了一句话："每天去帮助一个身旁的人。"然后，便要他拿去实行，两个礼拜后再来复诊。彼特觉得莫名其妙，但还是把处方单拿回家了。两个礼拜以后，彼得又来到治疗师面前，但这次却是堆满笑容地推开了门。"情况怎么样？"治疗师问，彼特开心地回答："真是太奇妙了！当我付出时间、精力，同他人一起分享劳动的果实时，居然得到一种说不出口的欣喜感呢！"

由此可见，即便一个人能够在竞争中每回都占到上风，谋取了自己利益的最大化，他也未必就是最大的赢家。而通过有效合作，通过帮助他人，皆大欢喜的情况便可能出现。

在企业中，老板要依赖员工，却也要管理员工；员工要依靠老板，却也要协助老板。所以说，老板和员工相辅相成的关系势必就注定了双方之间的博弈关系。跟老板开口，就是对这种博弈关系善加利用的艺术。如果在某些必要的时刻，你不得不和老板谈判，怎么样的博弈方法是最恰当最适用的？怎样将老板和员工之间原本对立的局面转换到"双赢"局面？

戴维是法国某咨询公司的 IT 工程师，随着老板到上海发展。公司刚刚起步，人手不够，他是新公司的第一名员工。他本身就很喜欢中国文化，考虑到以后可能会长久地留在上海工作，决心要把中文学好。在法国的时候，他就学过一年多中文，所以需要有中国人每天与他练习口语。但是随着老板来异国发展，目前也等于是"穷光蛋"一个，除去租房、日用开销，工资已经所剩无几，上中文课的费用就很不希望是自己来承担。

他跟老板沟通过，希望公司来支付语言课程的费用。由于老板本人也是一个中文爱好者，也正在学习中文，对此表示十分理解。在谈完条件后，最终达成协议：戴维以每天更多的工作时间来回报公司为他支付的学费。现在老板每天都请中文老师来跟他对话、教他汉语，但是他所付出的代价是每天工作将近 15 个小时。由于公司在创立的初期，的确是一个非常时期，也需要人手来从事高强度的工作，所以戴维的贡献对公司还是很重要的。就这样，他以自己的付出实现了和老板双赢。

可见，做事有时候就如坐跷跷板一样，不能永远固定某一端高，另一端低，而是要高低交替，这样，整个过程才会好玩，才会快乐！一个永远不肯吃亏、不愿让步的人，即便真讨到了不少好处，也不会快乐。因为，自私的人如同坐在一个静止的跷跷板顶端，虽然维持了高高在上的优势位置，但整个人际互动却失去应有的乐趣，对自己或对方都是一种遗憾。

在合作中不要耍小聪明，不要总想占他人的便宜，而自己却不肯付出任何代价。要遵守"要竞争也要合作"的游戏规则，否则"双赢"的局面就不可能出现。

### 做事真言

　　自己再强大，如果不懂得双赢合作，那么总有一天，你会成为孤家寡人，并付出惨痛的代价。

# 5. 制定一个切实可行的目标

在目标激励的过程中，要正确处理大目标与小目标、个体目标与组织目标、理想与现实、原则性与灵活性的关系。领导者在为员工设立奋斗目标时，要注意不能太大太长远，而应是一个个看得见、够得着的目标，这样才能引导整个团体不断前进。实践表明，无论目标客观上是否可以达到，只要员工主观认为目标不可达到，他们努力的程度就会降低。

目标是组织对个体的一种心理引力。目标激励法，就是组织制定适当的目标，诱发员工的动机和行为，达到调动员工积极性的目的。目标作为一种诱引，具有引发、导向和激励的作用。一个人只有不断启发对更高目标的追求，才能激发其奋发向上的内在动力。

鼓舞员工的士气，首先应当为他们设立具体而恰当的有挑战性的目标，在他们完成既定目标之后再给予奖励。为员工设定一个明确的工作目标，通常会使员工创造出更高的绩效。目标为员工确定了奋斗的方向，同时也使员工产生压力，从而激励他们更加有效地工作。在员工取得阶段性成果的时候，领导者还应当把成果反馈给员工。

在目标激励的过程中，要正确处理大目标与小目标、个体目标与组织目标、理想与现实、原则性与灵活性的关系。领导者在为员工设立奋斗目标时，要注意不能太大太长远，而应是一个个看得见、够得着的目标，这样才能引导整个团体不断前进。实践表明，无论目标客观上是否可以达到，只要员工主观认为目标不可达到，他们努力的程度就会降低。

留意过篮球架子吗？篮球架子为什么要做成现在这么高，

而不是像两层楼那样高，或者跟一个人差不多高？不难想象，对着两层楼高的篮球架子，几乎谁也别想把球投进篮圈，也就不会有人打篮球了；然而，跟一个人差不多高的篮球架子，随便谁不费多少力气便能"百发百中"，大家也会觉得没啥意思。也许，正是由于现在这个跳一跳，够得着的高度，才使得篮球成为一个世界性的体育项目，引得无数体育健儿奋争不已，也让许许多多的爱好者乐此不疲。"跳一跳，够得着"，就是最好的目标。

在佛教经典《法华经·化城喻品》中讲了这样一个故事：

很早很早的时候，有一位导师带着一群人去远方寻找珍宝。由于路途艰险，他们晓行夜宿，很是辛苦。当走到半途时，大家累得发慌，便七嘴八舌地议论开了："我们走了这么多路，脚酸腿软，口干舌燥，还不知珍宝在什么地方。真的不知道要跑多么长的路才能找到。""我们还是回去吧，这样下去怕是累死也找不到珍宝。"导师见众人大有半途而废、放弃目标的打算，便暗使法术，在险道上幻化出一座城市，说："大家看，前面就是一座大城！过城不远，就是宝藏所在地啦。"众人见眼前果然有座大城，便又重新鼓起劲头，振奋精神，继续前行。众人到了城里，感觉非常舒服，便又产生了不想再走的念头。导师见状便收起法术，灭掉化城，大声疾呼："刚才的城市是我施展法术幻化出来，供大家暂时歇脚的。大家要继续努力，找到珍宝。"就这样，在导师的苦心诱导下，众人历尽千辛万苦，终于找到了珍宝，满载而归。

作为一个善于做事的人，也应具有这种"化城"的手段，给全体员工"化"出一个个看得见而且跳一跳，够得着得目标，引导集体不断前进。

一位公司领导人刚上任时，接手的是一个烂摊子，企业连年亏损，员工士气低落，再讲什么宏伟蓝图也没人肯听。于是，他上任后，便为公司确立了这样一个很是现实的奋斗目标："鼓士气、正名气、复元气"。为了实现这个目标，他来了个"小步快跑"：给每一个分支机构定一个力所能及的月度目标，然后在全公司开展"月月赛"。每到月末，他都亲自给优胜单位授奖旗，那份隆重劲，毫不亚于表彰战斗功臣。在每个月的表彰会上，同时下达下个月的任务，"誓师出征"。这样一来，全体员工的注意力都被吸引到努力完成当月任务上来了，没有人再去谈论公司的困境，也没人抱怨自己的任务太重。半年过后，公司便开始扭亏为盈。这可是当初谁也没想到的"大"成果，全公司群情振奋，士气高涨。开始的目标基本实现，他又提出了"上水平、上等级、争一流"的更高奋斗目标。如今，这家公司已经成为在市内小有名气的先进企业了。

由此可见，在管理工作中，只有不断给下属定出一个富有挑战性但又切实可行的目标，让大家都能"跳一跳，够得着"，才能收到好的效果。这样，也方便在员工完成既定目标，取得了一定成就之后，为他们颁发奖励，及时表彰他们所取得的成就；而没能完成目标的员工，也可以给予一定的惩罚，或者给其施加压力，让其将功补过，并且不断地提升自己。

篮球架子的高度启示我们，一个"跳一跳，够得着"的目标最有吸引力，对于这样的目标，人们才会以高度的热情去追求。因此，要想调动人的积极性，就应该设置有着这种"高度"的目标。就像在办公室里面，与其告诉你的下属做好了这份工作，过几年以后就可以有车有房，还不如告诉他们，什么情况下能够涨工资，怎样可以多拿提成，并且制定一个晋升的标准，毕竟在大部分人看来眼前的诱惑才是最大的也是最有动力的，这是人的普遍心理。你要想激励你的员工，你就要善于立下一些只要经过一番努力就可以实现的目标。这样一来，他们在埋头苦干的时候也不会觉得遥遥无期，总觉得胜利就在前方不远处，于是他们就会更加有干劲，并且乐此不疲。

有些老板总喜欢为员工描绘愿景，说5年、10年之后，公司将如何如何，员工待遇又将如何如何。怎奈员工听多了这一类的说词，大多了无反应，背地里只当是空中画饼，只当是信口开河。要知道，人不是靠愿望过活，而是靠实在的牛奶面包填饱肚子的。因此，在绝大多数情况下，眼前的"面包"，比理想中的"城堡"对人有更大的诱惑力。

**做事真言**

　　领导者将长远目标分解成一个个能够易于实现的短期目标，更能鼓舞士气，让下属永葆干劲。

# 三、张弛相宜，静动有道

有些时候，时间因素对于事业的成功特别重要。在同样的准备情况下，有些时段内采取行动，会取得很大的成功，而在此之前或之后采取行动，其结果可能是失败，这就是人们常说的机遇问题。机遇问题，其实也就是内部因素和外界环境相结合的问题。人们常说："机不可失，时不再来"，说的就是机遇的突然到来和易于消逝。因此，对待机遇，我们应当保持"静如处女，动如脱兔"的姿态，不当出手时时刻准备，一旦发现机遇来临，便果断出手，决不犹疑。

## 1. 做自己力所能及的事情

虽然我们总是要求自己不断上进，总是要求自己勇敢打拼、努力奋斗，但一个人的智力、体力、领悟力与适应力，终是有一定的范围和限度的。一个人不可能在每件事上都一路领先，胜过其他所有的人。我们必须承认在这个世界上还有很多事情是我们的力量所办不到的，对于这些事情我们就不要勉强自己去做，否则就会害人害己。

在当今社会，人们的生活节奏越变越快，首先有那层出不穷、令人目不暇接的商品大潮，引得人费力费神地去获取；其次，越来越便捷的交通工具被制造出来，激起人们到各地观光、尝试各种不同生活方式的愿望，于是人们便一站一站地奔个不停。生活的快节奏，导致人心态上的一个重大变化，就是内心浮躁不安，把持不住自己，从而一个个都急功近利，急于求成。

何谓急功近利？就是急切地追求短期效应而不顾长远影响；追求眼前利益，而不顾根本道理，甚至不顾基本事实和基本常识。虽然我们总是要求自己不断上进，总是要求自己要勇敢打拼、努力奋斗，但一个人的智力、体力、领悟力与适应力，终是有一定的范围和限度的。一个人不可能在每件事上都一路领先，胜过其他所有的人。我们必须承认在这个世界上还有很多事情是我们的力量所办不到的，对于这些事情我们就不要勉强自己去做，否则就会害人害己。

成功人士总是能够准确估计自己的实力，脚踏实地地去做每一件事情，这是一种定力和智慧的表现。无论是大事还是小事，我们都应该如此，凡事在于自己尽力而为，对于自己尽力而难以完成的事情就不要过于勉强。因为它的成功与否，已经不是自己的力量所能操纵的，死撑着去做，只会给自己增添忧虑，反而分散自己的心神与信心，削弱事业成功的可能性。打肿脸来充胖子，不仅讨不到一点便宜，受苦受累的最终还会是自己。

美国有家大公司的总会计师，才35岁，才华横溢，收入丰厚。但是，他受到了极大的挫折，成天忧心忡忡，最后不得不找心理医生接受心理咨询。在心理医生那儿，他讲述了自己的经历。他在9岁和17岁时，有过两次成功的经历，一次是推销杂志，发展到有好几个小伙伴和他合伙一起干；另一次是和他人组织建立了一家印刷厂，他专门负责给厂里拉业务。他的工作干得很好，攒下来的钱足以供他上学用了。

两次都是成功的推销技能帮了他的忙。后来，由于父亲的建议，他在大学开始学会计学，他是靠干推销和经营挣来的钱完成学业拿到了硕士学位的。从学校毕业后，他就被这家大公司录用，在企业里一直干到总会计师的位置。可是，他的工作经常为人指责，常常有人抱怨议论他的总会计师的职位。因此他过得很压抑，这样的情况一直持续着，结果他的公司、同事对他的工作越来越不满，包括他自己也对自己越来越没信心。

听完他的陈述，心理医生帮助他解开了心结：他其实并不适合从事总会计师的职位。

经过心理医生的分析和解释，他终于想通了，于是向公司请求辞去"总会计师"一职，转到销售部。这样，这家公司失去了一个名不符实的总会计师，却得到了一个乐此不疲和富有经验和成效的销售管理人员。

后来，当他谈到这件事情的时候，他总说："永远也不要干你自己无法胜任的事，那样做首先是害了你自己，你将变得不快乐并且忧心忡忡，因为你做的都是你所无法完成或最多也只能勉强完成的事，而且你也伤害了信任你、委托你办事的人，对工作更是一种损失。"这句话的意思再明白不过了，就是说没有"金刚钻"就不要揽"瓷器活"。当你不具备完成某件事的条件时，如果夸下海口，大包大揽，那么就只可能把事情办砸。这不仅会耽误事情，更重要的是会让他人觉得你其实根本就不行，进而影响到自己的声誉。

其实，虽然有些事可以争取得胜，但有些事却是无法争取到的。我们在做一件事情之前，先要衡量清楚这件事是什么性质的事，这件事到底需要经过怎样的步骤才可完成，切不能一味盲目追求功利，更不必因一时的利益而盲目冒险。

个人的成就在竞争中取得胜利固然快乐。但如果一个人不管自己实力如何，处处都争强好胜，那么这个人不但享受不到成功的乐趣，反而会时时刻刻充满唯恐被人超越的苦恼，最终将会被自己给自己所施加的压力压垮。此外，由于这种患得患失的心情，生命中那些原本值得欣赏的东西，也会被漠视，生活的内容也会因此变得枯燥、冷硬而乏味。

做事和做生意一样，要赢利、要发展，还要注意时时存在的潜在风险，为自己的能力留些余地。打个比方，当你"脚踩棒子手举瓜"的时候，是停步不前，还是雷厉风行？我国有句形象的俗语："要给人一杯水，自己首先要有一桶水。"

在这方面华人首富李嘉诚为我们做出了很好的榜样。长期以来，李嘉诚在做生意时始终坚持"进取中不忘稳健，稳健中不忘进取"的投资宗旨，虽然业界将其归为"长期投资者中的保守派"，但有几个所谓保守的生意人能取得像他这样辉煌的业绩呢？可以说，稳健融入李嘉诚的性格，他曾说过："作为一个庞大企业集团的领导人，你一定要在企业内部打下坚实的基础，未攻之前，一定要守，每一策略实施之前，都必须做到这一点。当我们着手进攻的时候，我要确定有超过百分之一百的能力。换句话说，即使我本来有一百的力量便足以成事，但我要储足二百的力量才去攻，而不是随便赌一赌。"

人的一生不管做什么事，还是踏踏实实的好。很多人之所以失败就是因为急功近利，被眼前的利益蒙蔽了双眼，不切实际地想要一口吃成胖子而去冒各种各样不该冒的险，结果最后亲手葬送了自己的宝贵前程。的确，每个人都应该有追求，都应该为了更高更好的目标而奋斗，但是我们必须看清楚形势，不能去盲目冒险做力不能及的事情，而只有脚踏实地、稳中求进，做事中我们才能获得实实在在的成功。

**做事真言**

做事之前要审时度势，正确地估计自己的实力，对于那些力所不能及的事情，要尽早放弃。

# 2. 主动汇报，显示自己的能力

我们总以为，老板会自动注意到员工，不论评价好坏，老板心目中自有主见。不幸的是，我们这种想法太一厢情愿了，因为在大多数的时候，很多老板都患了"近视眼"，虽然你拼了老命，老板却视而不见。其实，这不完全是老板的错，你只要想想，每一天老板有多少事情需要处理，他的注意力都放在什么地方，你就应该明白，那些规规矩矩、尽心尽力却不怎么突出的人，自然就很容易被忽视。

你是不是每天全力以赴地工作，数年来如一日？不过，有一天，你突然发现，纵使自己累得半死，他人好像都没有发现，尤其是老板，似乎从来没有当面夸奖和表扬过你。你知道吗？出现了这种问题，不能一味地埋怨老板，有时候问题可能不在老板，而是出在你自己身上。大多数的上班族都有一种想法：只要我工作卖力，就一定能够得到应有的奖赏。但现实的问题是，光会做没有用，做死了也没有人知道。而重要的是要想办法让他人，特别是你的老板知道你做了什么。让老板知道你做了什么，老板才能知道你能做什么，也才好安排下一步的工作计划。

吴江欣是一个出版社的编辑。有一天，编辑部来了一个女孩子，要见社长。这是一位"毛遂自荐"的女孩子，英文很好，想到出版社来当编辑。因为社里当时没有英文书的出版计划，没有用她，但社长却把她推荐给一位同行，结果这位女孩子很快就有了工作。

后来社长提及这件事时说：这位女孩子的英文能力并不像她自己所描述的那么好，但她敢毛遂自荐，至少表现了她主动积极和勇于向陌生的人、陌生的事挑战的一面，当领导的当然喜欢用这样的人。

一年后，吴江欣从单位下岗了，每天困守家中，苦闷异常，后来突然想起了社长的话，于是拟了一个自荐书，主动去一家出版公司接洽，负责招聘的先生与吴江欣相谈甚欢，虽然合作没有成功，但却因这次的毛遂自荐，而带给吴江欣另一个工作的机会。

　　我们总以为，老板会自动注意到员工，不论评价好坏，老板心目中自有主见。不幸的是，这种想法太一厢情愿了，因为在大多数的时候，很多老板都患了"近视眼"，虽然你拼了老命，老板却视而不见。其实，这不完全是老板的错，你想想看，每一天老板都有那么多的文件需要处理，那么多的计划需要制订，那么多的项目需要运行，那么多的部门需要打点，那么多的客户需要联络，还有公司内几十个、几百个甚至上千个员工在一起共事，还有上上下下，里里外外不同的状况发生，做老板的会把注意力放在比较重大的事情上，或者一些比较麻烦之事上，那些规规矩矩尽心尽力却不怎么突出的人，自然就容易被忽视。

　　"沉默是金"是大家耳熟能详的箴言，但是"沉默"果真都是"金"吗？这大概也是现代职场成功人士首先要提出的一个疑问。在诸多人才辈出的现代化企业中，许多被前人奉为至理名言的信条，有些时候也应该进行一下辩证的思考。

　　据统计，现代工作中的障碍 50％以上都是由于沟通不到位而产生的。一个不善于与老板沟通的员工，是无法做好工作的。现在的每一家企业都可以说是人才辈出、高手云集，在这样的环境中，信守"沉默是金"者无异于慢性自杀，不会有什么前途。而正确的工作态度和工作效果，充其量也只能让你维持现状。如果想真正有所成就，必须要主动与老板沟通。

　　现实生活中，许多员工对老板有生疏及恐惧感，他们在老板面前噤若寒蝉，一举一动别别扭扭，极不自然，甚至就连工作中的述职，也尽量不与老板见面，或托同事代为转述，或只用书面形式做工作报告，他们认为，这样可以免受老板当面责难的难堪。

　　然而，人与人之间的好感是要通过实际接触和语言沟通才能建立起来的。一个员工，只有主动跟老板做面对面的接触，让自己真实地展现在老板面前，才能令老板认识到自己的工作才能，才会有被赏识的机会，才可能得到提升。

在许多公司，特别是一些刚刚走上正轨或者有很多分支机构的公司里，老板必定要物色一些管理人员前去工作。此时，他选择的肯定是那些有潜在苦干，且懂得主动与自己沟通的人，而绝不是那种只知一味勤奋，却怕事不主动的员工。因为两者比较之下，肯主动与老板沟通的员工，总能借沟通渠道，更快更好地领会老板的意图，把工作做得近乎完美。

想主动与老板沟通的人，应懂得主动争取每一个沟通机会。事实证明：很多与老板匆匆一遇的场合，可能决定着你的未来。比如，电梯间、走廊上、吃工作餐时，遇见你的老板，走过去向他问声好，或者和他谈几句工作上的事。也许你大方、自信的形象，会在老板心中停留较长的一段时间。

"待价而沽"或等人来"三顾茅庐"的时代已经过去，你如果不主动出击，让他人看得到你，知道你的存在，知道你的能力，那么就有可能"坐以待毙"。所以，要解决这个问题还是要靠自己。做事有效率的聪明人，知道该如何在老板面前推销自己，否则光是坐在那里自怨自艾将于事无补。要想让老板重视自己，必须要想办法向老板推销自己，如果老板没有看出你的价值，就算你有再好的条件，事实上对你在公司的地位，并没有什么帮助。只有适时地推销和表现自己，才会让老板了解你和重视你。

王涵在一家广告公司做文案，工作积极肯干，但一直没有得到应有的重视。

有一次，他们公司与一家中日合资企业洽谈一项业务。当他们风尘仆仆赶到会晤地点时才发现，对方竟有几位日本人员在场。正在老板不知所措的时候，王涵主动同他们用日语交流起来，看着对方在合同上写下最后一个字，老板心里悬了半天的石头这才落了下来。自然，王涵在老板眼中不再是以前那个默默无闻的员工了，而是公司那几百万大单的救命恩人，是一个有办事能力的员工了，他的升职自然也在情理之中。

如果王涵不在老板面前表现自己，在关键时刻主动出击，他就有可能把自己给埋没了。有些人总是强调"是金子总会发光"，强调一个人只要拥有出众的才华就决不会被埋没在沙砾之中。但是在现代的职场中作为一名下属，仅有才华、能力是不够的，还要努力创造展示自己的机会。只有这样，你的价值才能得到老板的肯定，才有出人头地的可能。

因此，要想向老板显示自己的能力，就要主动汇报自己的工作进展情况，并且汇报的速度越快越好。老板交待了的工作，不管工作成效的好坏，都不要在老板问起时才汇报，这样的态度很糟糕，工作汇报应该是随时进行的，尤其是发生变动和异常情况时更应及时汇报，这是员工的职责，也是常识。

汇报的速度越快越好，不管是好消息还是坏消息，都要及时汇报。如果错过了时机，你的汇报就会或多或少失去价值。有些人总是要在老板问起"那件事进行得如何了？"的时候才开汇报，想想当你汇报你的工作情况时，老板都已经从他人口中知道了个大概，那将会形成什么局面。何况，汇报一迟，老板的判断与决策也跟着迟了，这样一定会影响到公司的业务和你的业绩，特别是对于不好的消息，更是越早汇报越好，这样老板才能及时想出对策应付。即使工作出了什么意外，无法依原计划达成目标，让老板知道经过原委，可以及时采取补救措施，减少由此而来的损失，自然，你也不须负太大的责任。

工作中遇到关键的问题，多向老板汇报和请示是下属主动争取表现的好办法，也是下属做好工作的重要保证。聪明的下属善于主动向老板汇报和请示，征求老板的意见和看法，把老板的意见融入到工作中去。此外，主动汇报，对那些资历深且能力很强的核心员工来说，就意味着在老板的支持和允许下工作，意味着自己对老板的忠诚。

老板是"伯乐"，却不是你一个人的"伯乐"，员工都是"良驹"，却往往埋没于大批"良驹"之中，于是"爬上去"的永远是少数优胜者。虽然说没有愚蠢的士兵，只有没把他们摆好位置的将军，可是士兵也要体谅，将军只有一个，士兵却有成百上千，你不显眼地站出来，他怎么看得到？让老板看见你，一来你的工作要博得老板的认同，二来博得了老板的欢心，满足了他的权力欲，你自己又做出了成绩，皆大欢喜，何乐而不为呢？

## 做事真言

多主动向老板汇报，在和老板逐渐接触的过程中，一来可以加深彼此感情，二来也可以让老板知道你的长处和优点，这对你日后的发展显然是很有好处的。

# 3. 不当说的就不必说

无事不问会使自己变得浅薄庸俗，试想，一个喋喋不休好探问他人私事的人，怎么可能获得真正的朋友。与他人交谈时，不要无话不问，有些问题是不宜问的。古话说："揭什么，不揭短"，哪壶不开提哪壶的人常常会让人心生厌恶。所以，在你打算问对方某个问题的时候，最好先在脑中过一遍，看这个问题是否会涉及对方的个人隐私。

人们在一起聊天闲谈时，总喜欢说些有趣的事以此给工作和生活增添开心的笑声和情趣。这种增添生活乐趣的调笑，深受人们的欢迎。但是，有些人却喜欢谈论他人的隐私、过失、缺陷等作为乐趣和笑料，揭他人的短来换取笑声、寻开心。如此拿人取乐，是一种不良行为，严重影响人际关系的发展，所以千万不要把谈论他人的缺点当做乐趣。每个人的内心深处都有一种天然的、本能的维护自己内心秘密的情绪，遇到他人不得体的询问，就可能自然发生逆反心理。这就造成一种局面：有时说话问话的人原本无心，不经意间说了出来，而被问者却已心生厌烦，甚至厌烦这个问话的人，尽管也许此人并不坏。

谈论他人的短处以取乐是一种低级庸俗、有害无益的取乐方式。这种方式引来的笑声是建立在他人的痛苦之上的，很容易闹出事端来。同时，这样的方式也有损于你的社交形象，人们因此会认为你是个刻薄饶舌的人，进而会对你反感、有戒心，随后就会对你敬而远之。可见，把谈论他人的缺点当做乐趣，实在是一件损人而不利己的事。"金无足赤，人无完人"，凡人皆有长处，亦有其短处。我们为什么不能谈论他人的长处，偏要以谈论他人的短处来取乐呢？

每一个人都有自己的隐私，一般总是那些令人不快、痛苦、悔恨的往事。比如恋爱的破裂、夫妻的纠纷、事业的失败、生活的挫折……这些都是自己过去的事情，不可轻易示人。

有一位学生有遗尿症，久治不愈，十分苦恼。有一次，一位寻开心者当众人的面冒出一句："你们说这小子累不累，天天晚上绘地图，早上还得晒褥子，图个啥呀？你就不能憋着点？"大家起哄地大笑起来。那个患遗尿症的学生听了，脸色一下变得煞白，撒腿就跑了。这个寻开心的人把他的缺点和隐私当做笑料抖出来，使这个学生羞愧难当，当天就没有回来，大家找了半天，才在湖边找到他，原来他差点想不开要投湖自杀。

罗曼·罗兰说："每个人的心底，都有一座埋藏记忆的小岛，永不向人打开。"马克·吐温也说过："每个人像一轮明月，他呈现光明的一面，但另有黑暗的一面从来不会给他人看到。"这座埋藏记忆的小岛和月亮上黑暗的一面，就是隐私世界，谁都不愿让它暴露在众人眼皮底下。由此可见，以谈论他人的缺点当做乐趣，是一种不道德的行为，我们必须克服和避免。

日常交际中，有些不该问的东西，即使你想知道，甚至很好奇，也最好不问，更不要在问了之后人家不愿多说的情况下进一步去追问。诸如："你今年多大啦？""为什么还不结婚呀？""是没找到对象呢还是别的什么呢？"等等，这些话题，有时对方不便作答，自然而然地对你的问话很反感，甚至会因此而讨厌你，对你敬而远之。人到了一定的年龄而不结婚，似乎变成了"众矢之的"，经常有人关心，甚至"严重关切"。遇到认识的人时，被问道："你怎么还不结婚？""什么时候请喝喜酒啊！"没结婚，实在是个人的问题。但他人却表现出"极度关心"的样子，有的人还偷偷打听："他长得也不错，怎么还不结婚？是不是有什么问题，有什么毛病？"这种问题伤及了他人的自尊，往往会被毫不客气地驳回来。这类不该问的问题还包括女性的年龄和婚姻，女人最忌讳他人问她的年龄。在西方，这被视为不尊重女性、不懂得礼貌的表现，虽然事实上没有几个人能够做到青春永驻，容颜依旧，但"永远年轻"却仍然是绝大部分女人的幻想。幻想就幻想呗，你又何必去戳穿它。

对别人什么事都问会使自己变得浅薄庸俗，试想，一个喋喋不休好探问他人私事的人，怎么可能获得真正的朋友。与他人交谈时，不要无话不问，有些问题是不宜问的。古话说，"揭什么，不揭短"，哪壶不开提哪壶的人常常会让人心生厌恶。所以，在你打算问对方某个问题的时候，最好先在脑中过一遍，看这个问题是否会涉及对方的个人隐私，如果涉及到了，要尽可能地避免，这样对方不仅会乐意接受你，还会因你在应酬中得体的问话与轻松的交谈而对你产生好印象，为继续交往打下良好的基础。

（1）他人的隐私不要问。

在与他人交际中，为了避免引起他人的不快，一定要避免提问对方的隐私。比如："哪年出生的？""你一个月挣多少钱？"打听这些个人隐私的问题容易惹人反感。如果一不小心问了这些问题，对方不愿回答或者回答得比较模糊，你就要赶紧打住，转移话题。

（2）对方不知道的问题。

如果你不能确定对方能否充分地回答你的问题，那么你还是不问为佳。如果你问一位医生："去年发生在本市的肝炎病例是多少？"这个问题对方很可能就答不上来，因为一般的医生谁也不会费神地记住这些数字。要是对方回答说"不清楚"，就不仅使答者失体面，问者自己也会感到没趣。

（3）有些问题不宜刨根问底。

比方说，你问对方住在哪里，对方回答说："在上海"或说"在香港"，那你就不宜追问下去。如果对方愿意让你知道，他一定会主动地说出，而且还会说"欢迎光临"之类的话。否则，他人不想让你知道，你也就不必再问了。此外，在问其他类似问题时，也要注意掌握问话尺度，要适可而止。

（4）不要询问同行的营业情况。

同行相忌，这是一般人的心理，在激烈竞争的社会里，往往人都不愿意把自己的营业情况或秘密告诉一个可能的竞争对手。即使你问到这方面的问题，也只能自讨没趣。如果你偶尔听到了也就听到了，听到多少是多少，你尽可以去估猜，但却不要深入追问。

当然，不当问的不要问，不是说在与他人交往时不问或者少问。其实，在与他人交往时，总离不开"问"。有时候该问的，要明知故问，还要有意识地多问。比如："你的钻石戒指很贵吧？多少钱？在哪买的？"再如："听说你最近又出了一本新书，一定很畅销吧？"这些可能都是你知道的，但你却明知故问，对方会认为你很关心他，关注他所取得的成就，所以对你很有好感。他可能会接着你的话题，滔滔不绝地说下去，并且有可能说得心花怒放。明知故问，就是明明知道也要问，这里的明知故问，会令对方高兴。比如，问对方最得意的事情，问对方最想让大家知道的事情，问对方想说却又不便自己说，只能借他人的口传出的事情。这样，你就可以赢得他人的好感，打开和增进彼此之间的友谊，使双方的心彼此更亲近。

**做事真言**

在与人交谈中，要牢记住，不当说的话绝对不能说，不该问的问题千万不要打破砂锅问到底，否则，人家只好对你敬而远之。

## 4. 巧妙地走在老板的身边

一般而言，老板是很愿意给员工留下一个和蔼可亲的印象，也希望员工可以和他走在一起。可是，因为自卑心理和恐惧心理在作祟，许多人见了老板唯恐避之不及，殊不知老板要是见了一个拘谨无措、憋得脸红脖子粗的人也会觉得尴尬。更重要的是，要是一个连老板都不敢见的人，他又能有多少的信心胆量、多少做事的本事呢？

对于陌生的新环境，我们往往沉默拘谨地应对，远离同事，尤其是远离上司。其实这很不利于个人才能的发挥。我们可以换一个角度思考："坐在老板的身边又何妨？"其实，能够经常有意无意地接近老板，让老板记住你，让他了解你的意见和想法，你才有可能收获老板对你的垂青。一般来说，走在老板的身边，离老板越近，老板就越关注你。

然而接近老板也要注意一些方法和原则，否则你讨好了上司就很可能失去了群众的支持，严重的话，可能连老板也会觉得"人言可畏"而放弃对你的宠爱呢！

首先要记得抓住聚餐酒桌上的机会。

刚刚毕业的许小立和另外七八个年轻人，一同被一家正在向集团化迈进、急需大批新生骨干力量的公司所聘用。为了表达对这批新鲜血液的厚望和鼓励，老板决定单独宴请他们。酒店离公司并不远，新人们三三两两的结伴而行，唯独将老板抛在了一边。许小立看在了眼里，不禁替老板感到尴尬。进入酒店入座之前，许小立借故先去了一趟洗手间。回来一看，果然不出所料，同事们或正襟危坐，谨口慎言，或低头相互私语窃笑，不仅没有人跟老板搭讪，更将其左右的座位空了出来。看见老板强挤出笑容的样子，许小立赶紧笑着对大家说："我建议咱们都往一起凑吧！"说完，便很自然地坐在了老板身边的座位上，并对老板投来的赞许目光报以会心一笑。

　　许小立也因此得到老板的关注，老板觉得这个新人是一个可用之才，在日后的工作中经常给许小立机会，许小立很快就在这些新人中脱颖而出。

　　许小立的做法很聪明，他这是在打圆场，调动大家的情绪，缓和聚餐时的冷场气氛，因此，就连刻薄的人也没有道理指责他是在拍老板的马屁了。本来这次是老板想同员工亲近一下，说不定还想在此发掘人才呢，可是大多数腼腆木讷的年轻人却辜负了老板的美意，把老板晾在一边，老板能满意吗？一个人不能够主动地为自己争取机会，如果被提升，将来管理公司、面对客户或参加为公司争取利益的谈判怎么能够有魄力和手段呢？

　　另外，你还可以借机在办公室电梯里和老板"不期而遇"。俗话说"做事不看东，累死也无功"。要是没有老板的赞赏就算是拼死拼活地干，要想超越上面层层"障碍"实在是太慢也太难了。做事有策略，你就要知道学会给自己制造一些机会，经过努力你可以不只一次在电梯里和老板"不期而遇"。有备而来的你不要像其他人那样硬着头皮和老板没话找话说，而是应该笑吟吟地和老板打招呼。要是老板问近来工作如何，你自然而然可以和老板有条不紊地说你近来的工作成果，但是如果聊到一些轻松的话题，你可以表现得更加的健谈，而且还可以多多了解老板的喜好，更加深对老板对你的好印象。

其实只要略费心思，你就会发现接触老板的机会无处不在、无时不有，连公司食堂也是一个和老板接触的好地方。

卢飞云每天中午都要去公司的食堂吃午饭，老板总是去得很晚，也许是因为事情很多脱不开，也许是不愿意和员工挤在一起"抢饭"，每次老板到食堂的时候已经是没有什么人了。那天中午，卢飞云借故晚去了食堂，"正好"碰见了老板："董事长，没想到您也在食堂吃饭啊！"卢飞云自然达成了心愿，单独和老板有说有笑聊了一个中午，卢飞云发现原来老板也是挺随和、爱开玩笑的人。从此以后，卢飞云每隔一段时间就会"不经意"地和老板一起吃午饭，为了避免同事说闲话，她有时借口工作没有做完，有时候出去办完事晚回来一点，就可以错过了吃饭的高峰期。

因而，要接近老板，经常出现在老板的身边就要颇用一点心思，那样对自己的职业发展当然有好处。一般而言，老板是很愿意给员工留下一个和蔼可亲的印象，也希望员工可以和他走在一起。可是，因为自卑心理和恐惧心理在作祟，许多人见了老板唯恐避之不及，殊不知老板要是见了一个拘谨无措、憋得脸红脖子粗的人也会觉得尴尬。更重要的是，要是一个连老板都不敢见的人，他又能有多少的信心胆量、多少做事的本事呢？走在老板身边时，你不用担心没有话说，因为在这种场合下老板为了打消你的顾虑是会主动和你闲话家常的，你就把这次见面当做是和一个老师碰巧走在一起就行了。有什么好顾虑的呢？又有什么好紧张的呢？

老板也是人，也需要在业余的时间轻松、和员工们接近，而那些见了老板就像老鼠见到猫总想绕着走的人只会与机会擦肩而过，何况借故和老板接近并没有只想着"巴结"老板而把本职工作放弃，相反还会同时把自己的工作做得特别出色，同时也没有踩着他人的肩膀往上爬，在职场上，这样的"不损人利己"的正当手段为自己所用，这何尝不是明智之举？

**做事真言**

在工作和生活中，要抓住一切机会巧妙地和老板接触交谈，让老板知道你、了解你、赏识你，这样一旦有重要任务要委派或者有晋升的机会，老板首先想到的就是你。

# 5. "软硬兼施"，终有成效

"软硬兼施"，就是以积极的形式换取积极的效果，通过决心和毅力，消耗彼此的时间和精力，给对方施加压力，以自己顽强的态度和真挚的感情影响进而改变对方的态度。取得对方的同情、认可甚至赞赏才是我们所要达到的目的。如果不分对象、不顾自身条件一味纠缠，定会落个无赖之名，甚至惹祸上身。

有些事情，当你怀着一片热心找到对方，对方可能因为种种原因，而不大情愿地帮忙，于是找各种各样的理由和借口搪塞推托，对此你很可能无能为力。有些人在这种情况下很容易就打退堂鼓，但是也有一部分人性格顽强，不达目的不罢休。最终把事情做成功的，很显然是后者，他们采用的就是"软硬兼施"法。

首先，在办公室寻人办事的时候，既要维持自己的自尊，但又不能抱着自尊不放，为了工作的进展，为了公司的业绩，有必要加强受挫能力。从另一个角度看，软硬兼施消耗的，除了双方的心神之外，还有非常重要的时间资源。而时间，越是在重要人物身上，越是最宝贵的资源。也许，一般的人不那么在乎时间，但在重要人物看来，他最耗不起的就是时间，所以你只要有足够的耐心，摆出一副打持久战的架势和他们对垒，便对对方产生了心理威慑。如此，当你摆出软硬兼施的姿态时，便足以改变其态度从而加快办事的速度；而当你全身投入软硬兼施之中，不怕苦不怕难，沉着应战，不达目的誓不罢休时，对方便大多会拗不过你的心志而满足你的愿望。

有一个年轻的保险业务员，到一家餐厅拜访店主，店主一听到是卖保险的，脸就拉了下来。"保险这玩意儿根本没有用，为什么呢，等到我死了以后才能拿到钱，这算什么呢?"

"我不会浪费您太多的时间，您只要挪几分钟的时间让我为您说明白就好了。"保险业务员说。

"我现在很忙，如果你的时间很多为何不帮我洗洗碗盘呢?"店主以开玩笑的口吻说，想借此让这位年轻人知难而退。没有想到年轻人一声答应，就真的脱下了西装外套，卷起袖子就开始洗了。这一举动，给老板娘吓了一跳，让一位西装革履的先生来洗碗，这怎么行呢? 不禁大喊："你不用来这一套，我们实在是不需要保险! 所以你不管怎么做我们都不会买保险的，我看你还是别浪费时间和精力了。"

可是，保险员每天依旧坚持来洗碗盘。店主还是不为所动，依旧淡淡地跟他说："你再多来几次也没有用，你也不用再洗了，如果你够聪明的话你就找别的家吧!"

但是这位保险业务员依然天天来洗，10 天，20 天过去了，到了第 30 天，这个顽固的店主终于感动了，最后答应他投了高额的保险，不仅如此，这位店主还利用自己的人情关系，帮他拉到了不少生意!

其次，积极跟踪。俗话说"人心都是肉长的"，不管双方认识的距离和时间有多大，只要你善于用你的行动来证明你的诚意，就会促使对方去思索，进而理解你的苦心，从固执的框子里面跳出来，那时你也就有希望办成事了。同样，做事也需要这种精神，有时候你在办公室，你托人去办事的时候，对方拖着不办，并不是因为不想办法，而是有实际的困难或心有疑虑，这时你仅仅靠软磨硬泡很难奏效，这个时候就要用你的嘴巴来寻求理解了。

20 世纪 80 年代，著名的引滦入津工程曾经一度因为炸药供应不上，而面临停工的困境，领导心急如焚，派李连长带车到东北某家化工厂求援。

可是赶到的时候，得到的答复就是"眼下没有货"，后来他找到了厂长，厂长不为所动，硬邦邦地说："我也无能为力。"厂长劝他想办法并给他倒了一杯水，李连长并不死心，他喝了一口茶，看到水就重新找到了话题："这水可真是甜啊！天津人真是苦，喝的都是从海河的河槽、各个洼淀中集中的苦水，不用放茶就是黄的。"他一眼就瞥见厂长戴的就是天津产的手表，接着说："您也戴的是天津的手表吧？听说现在全国每 10 块表里面就有 4 块是天津产的。您是办工业的行家，最懂得水与工业的关系了，造一辆自行车要用一吨水，造一吨碱要用 160 吨水……引滦入津，解燃眉之急啊，没有炸药，工程就得延期……"

他说得很动情，很在理，厂长理解他的急切心情，同他聊了起来，问："你是天津人？""不，我是河南人，也许通上水时我也喝不上那里的水！"厂长彻底地被征服了，他抓起电话当即下达命令："全厂加班三天！"三天后李连长拉着一车炸药胜利返程。

在生活中也一样，我们时常会碰到这样的情况，当你准备尽力做某件看起来很困难的事情的时候，就会有人过来告诉你，你不可能去完成的。其实"不能完成"只是他人作出的结论，事情能否完成，与谁去执行，怎么样执行，有着很大的关系。只要克服害怕失败的心理，敢于去尝试；只要你尽心尽力，想办法克服一切障碍，以不达目的誓不罢休的心态去拼搏，你就一定能有相当出色的成就的。

软硬兼施，就是以积极的形式换取积极的效果，通过决心和毅力，消耗彼此的时间和精力，给对方施加压力，以自己顽强的态度和真挚的感情影响进而改变对方的态度。当对方真正答应尽心尽力时，你一人的力量，就至少变为了两人的力量，或者更多更多人的力量。也许，软硬兼施，有些死皮赖脸的味道。然而，究其实质，它与沾边耍赖、无理取闹有着本质的不同。它立足于韧性与耐心，着眼于感化对方，所谓"精诚所至，金石为开"。厚着脸皮而克服害羞和自卑，在交际处世中主动出击，不达目的誓不罢休，拿出耐心，表示诚意。结果必然是胜利与感化对方同时而至，否则便会导致战争升级，双方反脸，事与愿违。笑脸相向、幽默开道，或者苦苦哀求，正是软硬兼施最为有力的技巧。取得对方的同情、认可甚至赞赏才是我们所要达到的目的。如果不分对象、不顾自身条件一味纠缠，定会落个无赖之名，甚至惹祸上身。

## 做事真言

有的事情进展遇到障碍，难以达成目的时，就要"软硬兼施"，不惜厚脸黑皮。

# 四、与人相处，互敬互重

杜威教授曾这样说过："自重的欲望，是人们天性中最急切的要求。"尊重对方的威严，使对方显得重要，满足对方的自尊自重之心，使对方感觉愉快，如是，对方便也会乐于尊重你的威严，满足你的意愿，尽可能地帮助、支持你，也使你感觉愉快。这是人际交往黄金定律的一条推论：敬重他人，就会赢得他人的敬重；关爱他人，就会获得他人的关爱；宽容他人，他人也会宽容自己。一句话，敬人爱人，就是敬己爱己。

## 1. 以"首因效应"打动对方

我们要充分利用第一印象的积极作用，在跟他人第一次接触之前，从仪表、举止、说话艺术等方面做好充分的准备。尽可能利用第一次见面的机会，给人留下最好的印象，以增强自身的人际吸引力。第一印象在时间有限的条件下，获得的资料往往不全，容易形成先入为主的首因效应，而这些印象一旦形成就很难改变，不管是良好的印象还是不佳的印象，都是如此。

"第一印象"也叫"首因效应"，是指当人与人第一次接触进行认知的时候，首先被反应的信息，对于形成人的印象起着强烈的作用。一个人与他人第一次交往中给人留下的印象，将会在对方的头脑中形成并占据着主导地位，这就是我们常提及的要注意"给人留下一个好印象"的原因。

在人们的婚恋生活中，第一印象所带来的良好感觉特别巨大。这一点，只消读一读古今中外吟咏爱情的篇章，便能深有感受，而在一些抒情诗人的爱情诗篇中就更是如此。许多有情人，不管是步入了婚姻的殿堂，还是最终无奈地分手，多年之后，在他们心灵留下深刻印象的，往往是初次见面时的情形。

小瑛是一个姿色中等的女孩，但是，由于过早失去了父母，和哥哥相依为命长大，性格中不免带了些男孩的性格，优点是豪爽而大方，缺点是有时不注重外表，有点大大咧咧，缺少女孩子的温婉清爽。或许是因为常常与哥哥在一起的缘故，她结识了许多男性的朋友，让人不解的是，这些朋友们，一个个都把她当"哥们儿"，老说什么"一看就像个野小子，易于接近，却没有女孩的魅力"之类的话。

转眼小瑛就快成一个老姑娘了。有一天，表妹买了一套特别淑女化的衣裙，有点大了，就送给小瑛穿。小瑛刚刚洗完头，乌黑的秀发披散在肩上，而没有像平常那样乱七八糟扎成一团。她试穿了这身淑女装，初看之下不太协调，感觉很是别扭，但还是在镜子前顾影自盼，尝试着做出一副电影中淑女应有的样子。就在这时候，一个陌生的男孩来找小瑛的哥哥，没想到看到的不是一个大男孩，而是一个美丽的大姑娘。小瑛站在穿衣镜前，梳理自己的长发，猛然发现了陌生的男孩站在门口目不转睛地看着自己，竟一下子羞红了脸。常听小瑛哥哥提起他有一个妹妹，却没听说过竟然这么温柔美丽，男孩吃惊之余，再看着姑娘俏脸上倏起的红晕，更是心动不已，这就是他梦中的百分百女孩，温柔而腼腆。

对视之下，两人内心竟然都萌生了情愫。一番询问与客套之后，小瑛得知他就是哥哥曾经提过几次的萧风。原来双方都是久闻其名，不见其面而已。果然是百闻不如一见。

自此之后，萧风借着和小瑛哥哥来往的机会，向小瑛发动了热烈的追求。在时快时慢的追求过程中，萧风总是不忘告诉小瑛："你是我遇到的最温柔、最可爱的女孩！"小瑛真是大为诧异，长这么大，还没有人说过她温柔呢。小瑛就告诉他自己从小就是野孩子性格，绝不是温柔而可爱。可是，他固执己见，并向小瑛讲了第一次所见的情景，坚持那才是小瑛的本性，而小瑛平日的不拘一格，像男孩子一般性情都是假象。

小瑛在他的固执下，慢慢地竟真的变得温柔了，并陷入了深深的情网。几十年过去了，两人的儿女也都男大当婚、女大当嫁了，萧风仍深深地爱着小瑛，并时时回忆起那决定了他们一生幸福的一幕："我一眼就爱上了你的温柔和美丽！"小瑛也深深地感激那个下午，使她无意中留给他一个温柔而美丽的少女形象。

一个美好的第一印象，改变了一个有着男孩般性情而少了些女性魅力的姑娘，成就了一对百年好合的夫妇，其力量之强大，可见一斑。

不只是青年男女之间的恋爱约会，在其他任何社交场合中，在个人或者大众面前，一个人留给他人的良好的第一印象都极为重要。如此，我们不妨利用这种首因效应，展示给人一种极好的形象，为日后更进一步的交往，为工作、事业的发展打下良好的基础。

一位先生登报招聘一名办公室勤杂工。

约有五十多人前来应聘，但这位先生只挑中了一个男孩。

"我想知道，"他的一位朋友说，"你为何喜欢那个男孩？他既没带一封介绍信，也没有任何人推荐。"

"你错了，"这位先生说，"他带来许多介绍信。他在门口蹭掉了脚下带来的土，进门后随手关上了门，说明他做事小心仔细；当他看到那位残疾老人时，就立即起身让座，表明他心地善良，体贴他人；进了办公室他先脱去帽子，回答我的提问时干脆果断，证明他既懂礼貌又有教养；其他所有人都从我故意放在地板上的那本书上迈过去，而这个男孩却俯身拾起它并放回桌子上；他衣着整洁，头发梳得整整齐齐，指甲修得干干净净。难道你不认为这些就是最好的介绍信吗？"

那位男孩通过自己的一言一行，打动了主考官，成功地用"第一印象"推销了自己。日常生活中，一个人的第一印象对其以后给人的总体形象具有很大影响。如在人际交往中，我们总会有这样一种感觉，当与某人第一次接触后，对他印象好，你就很希望与他接触并对他评价也高；而没给好的第一印象的人，你对他感到不快，甚至在朋友们谈及他时，你也会表现出对他的不满意。在职场上，如果领导对某下属的第一印象好的话，就十分有利于这位下属，甚至会影响到今后是否会被重用；如果领导对某下属的第一印象极差的话，那这位下属很难纠正他的印象，那样是很难受这个领导欢迎的。

印象好，影响力就大。跟他人见面所造成的第一印象：你的衣着、表情、态度，都决定了对方会不会受你影响。第一印象的形成有一个很重要的因素是外表的吸引力。亚里士多德说："美丽比一封介绍信更具有推荐力。"因此，让自己看起来舒心顺眼是吸引人的基本功夫。愉悦的人格特质，言谈间的基本礼貌和尊重是最重要的，这些能让人觉得你也和我一样也是平常人，从而产生亲近感。

对于第一印象的人际吸引力，享有日本"推销之神"的原一平有深刻理解。

原一平在保险公司的第一年曾经去拜会了一座寺庙的住持。他回忆当时的情景时说："由于对方毫无拒人之意，我就在内心浮起会心一笑。一进入寺庙，刚刚坐定，我就冲着住持滔滔不绝地说出投保对和尚所有的种种好处。当时的气氛之佳，使我不期然地在心中告诉自己：'这一趟路没白跑，签约必成。'做梦也没想到，从头到尾一声不吭地倾听的和尚，劈口说出的一句话，犹如给我当头一棒，害我愣了半天。"

那位住持究竟说的是一句什么话呢？他说："人呀！还是要

在初次晤面时有一种强烈吸引人的东西。做不到这一点的话，你的将来就没有什么发展可言。"

遭到如此当头一棒，原一平大为震惊。之后，他学会了用他"婴儿般纯真无邪的笑"给顾客留下了美好的第一印象，使他在保险业上日益精进，很快就超过那些外在条件比他强的同行。

原一平受到和尚的指点后大彻大悟，深深地领悟到了第一印象的影响力是多么的巨大，这给他日后的事业带来了不可忽视的推进作用。由此可见，我们要充分利用第一印象的积极作用，在跟他人第一次接触之前，从仪表、举止、说话艺术等方面做好充分的准备。尽可能利用第一次见面的机会，给人留下最好的印象，以增强自身的人际吸引力。第一印象在时间有限的条件下，获得的资料往往不全，容易形成先入为主的首因效应，而这些印象一旦形成就很难改变，不管是良好的印象还是不佳的印象，都是如此。所以在首次见面中增强交往间的吸引力，要靠适合我们自己的印象修饰。如何迈出漂亮的第一步呢？

首先，留心身体外表的修饰。

你愿意微笑着跟人进行目光接触呢，还是犹犹豫豫地伸出手去握手，或者眼睛看着别的地方？你怎么对他人，他人就怎么对你。和他人第一次见面时最忌讳的事情莫过于两件：眼睛看着别处和不停地打呵欠。你大概正聚精会神地关注着什么，或者真的特别困。但是，你这样做却给他人留下了很乏味的印象。一个人若想增进人际吸引，就要使自己的服饰、举止、面部表情、精神状态等适合于自身角色和当时情境，产生令人愿意"接近"、"接收"的吸引力。

其次，增加与他人的熟悉度。

心理实验告诉我们，不论人或动物，当彼此之间接触的次数增加，熟悉度逐步增高时，便会产生吸引力。因此，如果你想增强人际吸引，则要留心提高自己在他人面前的熟悉程度。

例如有个姑娘，他人给她介绍了个对象，第一次见面，姑娘就对小伙子颇有好感。原因是在此之前，小伙子的妹妹就常向姑娘提起自己的哥哥，讲他小时有多么机灵、多么淘气，现在入伍后又多么英武，一身硬本事。所以，在未见面之前，早已久闻大名，心生好感，虽说是第一次见面，姑娘却对小伙子一点也不陌生，亲近感自然就产生了。

最后，扩大彼此的相似性。

我们往往喜欢那些和我们拥有共同理念、态度和兴趣的人，同样的，我们也比较容易忘记甚至排斥那些和我们在条件、背景、人格特征上难以协调的人，这就是"相似性"在人际间的吸引力。因此，要让自己身上具备与他人、与社会的相似性，才能使自己的吸引力得以提高。如果谁对高尔夫球一丁点儿兴趣都没有，却又被迫参加一个关于高尔夫球的讨论，这让人多么无法忍受！如果遇到这样的情况，你应该巧妙抓住机会，将话题引向一个新的内容。给人留下良好的第一印象的关键之一，是了解对方的性格特点和谈话偏好。当对方不喜欢太有来头的人时，你最好不要表现得太强势，或者说话时抢风头、露锋芒。你最好表现得低调一点，让对方认为你比较沉闷则不失为一种策略。

"这并不是说你要改变你自己，或者要引起每个人的注意，因为人与人之间只要相互尊重就可以了。"心理学家丹尼斯说，"我们希望每个人都能展现真实的自己。当然，有一部分人让我们看到的是假象。"如果你在初次见面时便得罪了对方该怎么办？

事实上，初次见面就贬低他人是非常不合适的。但在初次交往中，往往因为环境不熟悉，心里有些紧张等原因，而有意无意地冒犯了对方。这种情况下，就要想办法及时弥补。只要好好想想，你和这个人的交往并不是最后一次，比如因为工作的原因以后还要接触，就应该想办法尽量改善关系。或许这里面存在误解的因素。譬如，你的新伙伴是一个女孩，你待她的态度是冷静而正式的，但她却感觉到你对她不太友好。怎么会这样呢？你如果去看看，她工作时是多么地随意，你就会明白她为什么这样想——你对她的方式恰恰与她习惯的方式相反。所以，遇到这种情况，你应该调整自己，逐渐适应她的工作方式，不要袖手旁观或者讥讽嘲笑。用不了多久她就会发现，她最初错看了你，你们之间的差异只是方式问题，并非态度问题。

当然，给人良好的第一印象并非意味着你长得很漂亮，打扮得很时髦，或者看起来很聪明就可以。归根结底，在人际交往中，他人怎么看你对你来说并没有想象的那么重要，而让对方感到心情愉悦那才是最重要的。

**做事真言**

与人打交道要注意给人留下一个良好的第一印象，有了这一步，后面的事情就顺风顺水了。

# 2. 牢记他人的名字

名字不是一个简单的代号，它所代表的是一个具体的活生生的个人，并且，在很多时候，它还与个人的内心情感、身份地位等有着某种神秘的内在的联系。如一个人的名字被亲人柔情地唤起时，或者被一个多年不见的朋友在路上忽然相逢时热情地呼叫时，或者被一个还不怎么熟悉的人自然地称呼时，他的心头都会涌起某种温暖的情感。

不少人拼命地不惜任何代价使自己的名字流传下去，出名是许多人向往的，如果你帮助了想出名的人，当然他也会回报于你。所以千万别小看名字。且看两百年前，一些有钱的人把钱送给作家们，请他们给自己著书立传，使自己的名字留传后世。现在，我们看到的所有教堂，都装上彩色玻璃，变得美仑美奂，以纪念捐赠者的名字。

可以说，世界上绝大部分的人，对自己的名字的兴趣比对世界上其他任何人的名字还要感兴趣。

不只是政治上，在生意上、社交上也是一样，牢记他人的姓名，会给你带来更多的成功机会。拿破仑三世平日忙于政务，他曾自夸，凡经介绍而认识的人，绝不会忘记对方的姓名。他使用的方法非常简单，如果没听清楚对方的名字，便说："对不起，请您再说一遍。"若是名字不容易记住，便说："请问，您的名字是哪两个字？怎么写？"然后在和对方交谈时，便一再提到对方的名字，以加深印象。且观察对方的脸部表情、身体姿态，把他的特征记下来。

吉姆·法里，一个从来没有进过任何一所中学的人，就是凭着这一点或者主要是凭着这一点获取成功的。

虽然由于家贫，吉姆没机会接受正统教育，10 岁时就进入砖瓦厂做工，但是在他 46 岁之前，就已经有四所学院授予他荣誉学位，并且成了民主党全国委员会的主席、美国邮政总局局长。这其中奥妙，便在于他有一种记住他人名字的惊人本领。

有人去访问他，向他请教："据说你可以记住 1 万个人的名字。"

"不。你弄错了，"他说，"我能叫出 5 万个人的名字。我在为一家石膏公司推销产品的时候，学会了一套记住他人名字的方法。"

他说这是一个极其简单的方法。他每当新认识一个人就问清楚他的全名、家里的人口，以及干什么行业、住在哪里。他把这些牢牢地记在脑海里。即使一年以后，他还是能够拍拍他的肩膀，询问他太太和孩子的情况。难怪有这么多拥护他的人！

在罗斯福竞选总统期间，吉姆每天都要写好几百封信，给遍布西部和西北部各州的熟人。他每到一个市镇，就跟他所认识的人一起吃饭、喝茶、聊天，向他们倾吐一番"肺腑之言"。然后又继续他的下一站。结果是：他使得罗斯福获得了众多的选民，顺利进入了白宫。

吉姆说："记住人家的名字，而且很轻易地叫出来，等于给他人一个巧妙而有效的赞美。因为我很早就发现，人们对自己的姓名看得惊人的重要。"

或许，这就是吉姆·法里成为邮政局长的奥秘之一。他看到了人性的一个弱点：对自己的名字是如此重视。其实设身处地地换个角度来思考，你碰到一个你认识的人，当你很高兴地迎上去要同他交谈的时候，你发现他的眼神犹豫，对你似乎很陌生，他甚至叫不出你的名字，可是你们在这之前就已经见过几次面而且也说过话了，这时候，你对他的感觉还会像刚才那一瞬间那样吗？一定不会，而是想赶紧结束同他的交流，心里暗暗地骂他几句，并想着从此以后见到他再也不和他打招呼了。

对方若是显要人士，就更要用心记牢。独自一人时，便在笔记本上写下对方的名字，集中精神记忆。靠着这种记忆他人名字的办法，使人们感到自己对对方很重要，从而产生对牢记自己名字者的好感，是不少政治家成功的重要韬略。

做事很重要的一点就是，你要明白和你共事的人到底是什么人，而这里面最重要的信息就是他的名字。连一个人的名字都记不住，还谈什么事情呢？相信很多人都是这样想的。因此，你除了要记住你在办公区里的为数不多的几位员工和上级领导的名字之外，你还要练就一个功夫，就是用最有效的方法记住和你的工作有关的任何一个人的名字。

他们的名字很重要，你的客户的名字、你的上级的朋友的名字、你的老乡的名字、你的同学的名字……不少情况下，一些长时不见的老同学、老朋友打电话来，第一句话就有可能是"猜猜我是谁？"或者，有些人担心对方因一时说不出名字来而造成尴尬局面，便首先自报家门："我是×××，还记得吧？"

因为你大概也并不希望，突然某一天你碰见他们的时候，支支吾吾地就是不知道对方到底是谁，只知道他们的这张脸有些眼熟而已吧？

以此类推，每一个人都会和你一样，不会对连自己的名字都叫不出来的人有很大的热情的。如果你不重视他人的名字，不记得他人的名字，又有谁来重视你的名字呢？要记住他人的名字，可以用的方法很多。这里只提一个，你可以在工作之余，不妨抽那么一点点时间把你的通讯录整理整理，然后再逐个回忆他们的特征，慢慢地在你的脑海里就自然而然地存储了很多人的信息，这样一来下次你碰到他们的时候，你脑海里的人物就跳出来站在你的面前。然后你很轻松地就叫出他们的名字，他们一定会很高兴，因为你给了他们一个肯定，给了他们更多的自信，于是你也增加了自己的吸引力。想想，在双方都很愉快的情况下，还有什么事情谈不妥呢。

**做事真言**

如是你在第一次见面就能记住对方的名字并准确地称呼，你将迅速获得他人的好感和尊重，从而拉近彼此的距离。

# 3. 影响他人的三原则

在他人影响你之前，你先要影响他，才能立于不败之地。人在社会上，除了受到他人地影响之外，我们同时也会或多或少地影响着他人。我们在做事中不能忽略自己的影响力，而应该巧妙地用自己的方式来影响他人。

卡耐基在他的《人的操纵》一书中曾提出，如果我们想要按照自己的意思去影响他人，我们就必须首先遵循三项原则。那就是：

其一，考虑对方的立场；

其二，至少承认对方有五分理；

其三，让对方有重要感。

在这里，我们不妨借用卡耐基三项原则作为我们与他人相处的准则。先看其一：考虑对方的立场。

想要影响他人，让他人按照你的意思达成目的之前，你要先学会问自己是否站在他人的立场上了，是否能因此理解他，宽容他，或者帮助他，甚至在流言纷扰之中坚定不移地支持他。在我们日常生活中，不管是向客户推销也好，赢得谈判的优势也好，或者是争取他人的合作也好，都要设身处地站在对方的立场上思考，寻求双方最佳的解决方案。

其次，至少承认对方有五分道理，也是影响他人的重要因素之一。一个人在犯了错误之后，通常都不愿意承认自己有错，或者即便承认自己错了，也还会说出几条理由来。这理由，在第三者角度来看是他在找借口，但在当事人自己看来，至少是在做事的当时看来，都是有比较充分的理由的。在生活中，一些人在做错之后常常找些借口进行辩解，很多情况下他也不完全是在抵赖，而是他确实是这样认为的。因此，如果你莽撞地指出其错误，就会恶化你们之间的谈话气氛，对方会立即采取防御的姿态来抵触你，无论你的态度是多么的诚恳、建议是多么的有益，他都不会敞开心扉接纳你。所以你在这个时候首先要做的就是，无论如何都要承认对方的立场，先肯定对方解释的理由，再找寻机会陈述你的个人意见。

比如推销员在推销商品的时候，不可避免地会碰到顾客各式各样的反对的意见，有些顾客会说："你不认为你的价钱太高了吗？"有些顾客会说："你不认为你的款式太旧了吗？"面对顾客的种种挑剔，推销员早就有了心理准备："是的，事情正是你说的那样……但是……”这种解决反对意见的方法就是先接受对方的立场，再用“但是”来陈述自己的意见。不仅仅是推销，在我们面临各种反对意见的时候也可以用这种手段来解决双方的分歧，增强我们的影响力。

最后，我们还要让对方有重要感。根据心理学家的说法，每个人都希望自己受到关注，因此我们应该想方设法去满足这些人的期盼，才能做好事情。

你将事情交付给属下或者是委托同事办理的时候，能否获得对方的接受，并且积极主动地投入，很大程度上取决于你是否满足了对方的自我期望。一家酒店的经理一贯地认为，“不告诉对方理由，而用高压命令他人做事是不会成功的”，他讲述了他在酒店里让属下做事的有效方法。

有一天，他打算叫一位男服务生到一个房间里关窗户。事先他就想到了，这位男服务生可能埋怨不应该叫他去做只有女佣才愿意做的事，于是经过一番思考，这位经理决定用另外一种方式来让男服务生去关窗。随后经理以非常谨慎的态度告诉男服务生：“那个房间里的窗帘价格非常的昂贵，你现在赶快去把窗户关好，否则待会儿风暴来了，窗帘如果损坏了，那将是我们很大的损失。”

听完经理的话后，这位男服务生不假思索地便飞奔而去，很快就把窗户关上了。

很显然，那位经理就是利用了他人期望自己很重要的心理，而使得男服务生认为自己担负的责任不仅仅是关窗户而已，更重要的是去挽救价值非常昂贵的窗帘。因此我们务必记住：让对方知道他必须做此事的理由；让对方认为只有他才能担任某项职务；让他了解他的工作非常的重要。如此一来，你必然能够得到对方的鼎力相助。

由此可见，在日常生活中，我们与他人进行交往的时候，不要忽略了影响他人的三原则。只要你能遵循这三项原则，经常站在他人的角度来考虑问题，你就能够使他人愿意按照你的意愿行事。

**做事真言**

　　要想影响他人，让他人按照你的意愿行事，你必须先站在他人的立场上考虑问题，并让他觉得自己非常重要。

# 4. 善于倾听，受益匪浅

　　倾听他人说话本来就是一种礼貌，愿意听表示我们愿意客观地考虑他人的看法，这会让说话的人觉得我们很尊重他的意见，有助于我们建立融洽的关系，彼此接纳。鼓励对方先开口可以降低谈话中的竞争意味。我们的倾听可以培养开放的气氛，有助于彼此交换意见。倾听可以使对方更加愿意接纳你的意见，让你再说话的时候，更容易说服对方。

　　信息就是财富，当耳朵开始倾听，它就变成你聚集财富的一个源泉。

　　曾经有个小国的人到中国来，进贡了三个一模一样的金人，把皇帝高兴坏了。可是这小国的人同时出了一道题目："这三个金人哪个最有价值？"皇帝想了许多办法，请来珠宝匠检测，称重量，看做工，都难以辨别其中异同。怎么办？使者还等着回去汇报呢。

　　泱泱大国，不会连这个小事都不懂吧？最后，有一位退位的老大臣说他有办法。皇帝将使者请到大殿，老臣胸有成足地拿着三根稻草，用其中一根插入第一个金人的耳朵里，稻草从另一边耳朵出来了。第二个金人的稻草从嘴巴里直接掉出来，而第三个金人，稻草进去后掉进了肚子，什么响动也没有。老臣说：“第三个金人最有价值！”使者默默无语，答案正确。

这个故事告诉我们，最有价值的人，不一定是最能说的人。老天给我们两只耳朵一个嘴巴，本来就是让我们多听少说的。因此善于倾听，才是成熟的人最基本的素质。

伊萨克·马克森，一个非常杰出的名人访问者，他说许多人不能给人留下很好的印象是因为不注意听他人讲话：“他们太关心自己要讲的下一句话，而不是打开他的耳朵。一些大人物告诉我，他们喜欢善听者胜于善说者，但是善听的能力，似乎比其他任何能力还要少见。”不只是大人物喜欢善听的人，普通的人都如此。正如有人所说的：“许多人去找心理医生，但他们所需要的只是一名听众而已。”当我们碰到困难的时候，这就是我们所需要的。而且这通常是所有不高兴的顾客所需要的，也是那些不满意的雇员，或受创伤的朋友所需要的。这是一个关于推销员乔·吉拉德的故事：

美国汽车推销之王乔·吉拉德曾有一次深刻的体验。一次，某位名人来向他买车，他推荐了一种最好的车型给他。那人对车很满意，并掏出一万美元现钞，眼看就要成交了，对方却突然变卦而去。乔为此事懊恼了一下午，百思不得其解。到了晚上11点他忍不住打电话给那人。

“您好！我是乔·吉拉德，今天下午我曾经向您介绍一部新车，眼看您就要买下，怎么却突然走了？”

“喂，你知道现在是什么时候吗？”

“非常抱歉，我知道现在已经是晚上11点钟了，但是我检讨了一下午，实在想不出自己错在哪里了，因此特地打电话向您讨教。”

“真的吗？”

“肺腑之言。”

“很好！你用心在听我说话吗？”

“非常用心。”

"可是今天下午你根本没有用心听我说话。就在签字之前，我提到我的吉米即将进入密执安大学念医科，我还提到他的学科成绩、运动能力以及他将来的抱负，我以他为荣，但是你毫无反应。"

吉拉德不记得对方曾说过这些事，因为他当时根本没有注意。吉拉德认为已经谈妥那笔生意了，他不但无心听对方说什么，反而在听办公室内另一位推销员讲笑话。

这就是吉拉德这次销售失败的原因：那人除了买车，更需要有人倾听他诉说自己优秀儿子的事情，真心地关心他的家庭，最好还能分享他的喜悦。

能够专心地听他人讲话，是我们所能给予他人的最大的赞美。杰克乌弗在《陌生人在爱中》里写道："很少人经得起他人专心听讲所给予的暗示性赞美。"例如，一个商业性会谈取得成功的秘密又是什么呢？根据那位和蔼的学者查尔斯·伊里特的说法："成功的商业性会谈，并没有什么奥秘……专心地注意那个对你说话的人是非常重要的，再也没有比这个更有效的了。"

当你听他人说话时，你真的听懂他说的意思吗？你懂吗？如果不懂，就请听他人说完吧，这就是"倾听的艺术"。

外在和内在的干扰，是妨碍倾听的主要因素，因此改进聆听技巧的首要方法就是尽可能地消除干扰。必须把注意力完全放在对方的身上，才能掌握对方的语言，明白对方说了什么、没说什么，以及对方的话所代表的感觉与意义。倾听他人说话本来就是一种礼貌，愿意听表示我们愿意客观地考虑他人的看法，这会让说话的人觉得我们很尊重他的意见，有助于我们建立融洽的关系，彼此接纳。鼓励对方先开口可以降低谈话中的竞争意味。我们的倾听可以培养开放的气氛，有助于彼此交换意见。说话的人由于不必担心竞争的压力，可以专心掌握重点，因而不必忙着为自己的矛盾之处寻找遁词。对方先提出他的看法，你就有机会在表达自己的意见之前，掌握双方意见一致之处，明了对方的目的意图。倾听可以使对方更加愿意接纳你的意见，让你再说话的时候，更容易说服对方。

当我们在和他人谈话的时候，即使我们还没开口，我们内心的感觉，就已经透过肢体语言清清楚楚地表现出来了。听话者如果态度封闭或冷淡，说话者很自然地就会特别在意自己的一举一动，比较不愿意敞开心胸。从另一方面来说，如果听话的人态度开放、很感兴趣，那就表示他愿意接纳对方，很想了解对方的想法，说话的人就会受到鼓舞。而这些肢体语言包括：自然的微笑，不要交叉双臂，手不要放在脸上，身体稍微前倾，常常看对方的眼睛，不时地点头。

善于听他人说话的人不会因为自己想强调一些细节、想修正对方话中一些无关紧要的部分、想突然转变话题，或者想说完一句刚刚没说完的话，就随便打断对方的话。经常打断他人说话就表示我们不善于听人说话，个性激进、礼貌不周，很难和人沟通。这是一种很重要的沟通技巧。我们的反应可以让对方知道我们一直在听他说话，而且也听懂了他所说的话。但是反应式倾听不是像鹦鹉学舌一样，对方说什么你就说什么，而是应该用自己的话，简要地述说对方的重点。比如两人交流，一人说自己家在海边，另一人便可以说"你说你家在海边？我想那里的夕阳一定很美。"

反应式倾听的好处主要是让对方觉得自己很重要，能够掌握对方的重点，让对话不至于中断。不管怎么样地倾听，我们都应该做到这一点，那就是：让他知道，我们一直在听；让他了解，我们听懂了他所说的话。

如果我们无法接受说话者的观点，那我们可能会错过很多机会，而且无法和对方建立融洽的关系。就算是说话的人对事情的看法与感受，甚至所得到的结论都和我们不同，他们还是可以坚持自己的看法、结论和感受。反之，如果你要使他人躲开你、在背后笑你，甚至轻视你，这里也有一个方法：决不要听人家讲上三句话，只是不断地谈论你自己。如果你知道他人所说的是什么，不要等他说完。他不如你聪明，为什么要浪费你的时间倾听他的闲聊？

**做事真言**

如果你想成为一个成功的人，在你去做每一件事情的时候，不要忘了要做一个专心倾听的人。

## 5. 保持热情，化解冷淡

用自己的"热情"来感化他人的"冷淡"，并非是一件令人丢面子的事情。如果在面对他人的冷面时能够拿出足够的勇气，用热情来加深领导或者同事对你的良好印象，从而使大家更加珍视你的美好品格，在今后的工作中更加愿意与你同在，对你宠爱有加，这不但不是一种"失"，反而是一种"得"。

与人交往，能否建立良好的关系，取决于双方共同的态度，这在心理学上被称为"交互原则"，也就是说，人是相互吸引也是相互排斥的。"一只碗不响，两只碗叮当"，态度是人的思想、信念、知识、价值观等等的综合，带有肯定或否定的情感评价，但是转化到表现方式的时候却十分的简单，往往简化为接纳或者排斥，热情或是冷淡。

很显然，如果想要成功实现做事的目标，在做事的过程中，如何运用各种策略来使他人接纳你是最为关键的一环。大多数时候，面对他人对你的冷淡，你就不应该自怨自艾，而应该耐心地创造机会、等待机会，用自己的"热情"来打动他人的"冷淡"。

有一个人，在拥挤的车潮中驾车缓行，等红灯的时候，一个衣着简陋的小男孩敲着车窗问他要不要买一束花，他拿出两美元，由于绿灯已亮，而后面的车正在猛地按喇叭，因此他就粗暴地对小男孩说："什么颜色都可以，你只要快一点就好了。"小男孩却十分礼貌地说："谢谢您，先生。"

　　开了一段时间以后，他有些良心不安，他粗暴无礼的态度却得到对方如此有礼的回答，他把车停在路边，回头向小男孩挥手表示歉意，并且又给小男孩两美元买了一束花，要他送给喜欢的人，这孩子笑了笑表示接受。

　　回去的路上，车子出了故障，一阵慌乱之后，他决定叫来清吊车，正在思索的时候，一辆清吊车已经开过来了，他大为惊讶。司机笑着说："有一个小男孩给了我4美元，要我开过来帮您。"司机一边说一边把一张卡片拿出来，上面写着"这代表一束花"。

　　可见希望他人怎样对待自己，自己就要怎样去对待他人，就像故事中的小男孩一样，在面对冰冷的态度的时候，报以自己的热忱，终于换来了他人的尊重。

　　其实，用自己的"热情"来感化他人的"冷淡"，并非是一件令人丢面子的事情。如果在面对他人冷面时能够拿出足够的勇气，用热情来加深领导或者同事对你的良好印象，从而使大家更加珍视你的美好品格，在今后的工作中更加愿意与你共事，对你宠爱有加，这不但不是一种"失"，反而是一种"得"。

　　"世态炎凉，我心火热"，我们在做事的时候应该抱有积极向上的态度。过分地维持自尊而不去感化给你冷眼的人，你就丧失了与人建立良好关系的机会，也很容易在沮丧中迷失自己。而真正善于做事的人，总是能够在他人的冰冷之下，将自己化作一团火，摧毁自我面子，先不耻于求人，然后在换取好感中逐步建立自己的自尊，从"人下人"顺利跳到"人上人"的台阶。

一位刚从师范院校毕业的女大学生，从都市被分配到了一所农村的学校。来到办公室里才发现，其实校长和周围的同事对自己并没有太多的好感，相反显得较为冷漠。究其原因，原来是他人认为她来自都市，娇气，吃不了苦；另外她长得漂亮，女同事心里很不舒服；而且重要的方面就是自己与周围的人在生活经历、思想起点、爱好兴趣等方面都有很大的差异。

然而她并不因为这些外在的因素而灰心，恰恰相反，她不断给自己制造机会，主动接近校长以及其他的同事，了解他们的兴趣爱好，在适当的交谈中不断地让他人了解自己，在她的不断努力中，大家终于发现，这位来自城市的姑娘其实人还是很不错的，渐渐地都很喜欢她。

这位女大学生之所以能成功地融入他人的圈子，就在于她巧用"热情"来打动新环境下人们冷淡的心灵，这样一来，随着时间的推移，许多的误解终会冰释。

那么面对冰冷的环境，如何来感化呢？这也是有方可循的。

首先，要通过自己的表情去传达自己的态度，用微笑和礼貌缩短双方的距离，让对方在心里并不排斥你，进而认为你是一个懂得礼节的人，在心里接受你的表达方式，有了第一步，你就已经从他的心里打开了通道。

其次，可以通过朋友传达友好的信息。人们常说，朋友的朋友就是自己的朋友。先进入一个圈子和某一个人搞好关系后，再慢慢地像涟漪一样一个接着一个扩散，很快你就可以融入这个圈子。

还有要注意的一点就是，用"热情"对"冷淡"不仅仅表现在精神上，而且在适当的时候，你可以用一些小礼物对他人进行"小恩小惠"，这往往会比精神的"热化"来得更加立竿见影，因为人在物质的面前总是能够软化一些坚硬的态度。这样一来，你会获得他人返之于你更多的热情，在你今后的工作里面这些良好的氛围是大有益处的。

## 做事真言

我们不要害怕他人的冷眼或嘲讽，对待这些不友善的表示，我们所能运用的最为有效的手段，那就是始终保持自己的热情。

# 五、临机应变，转化有术

当今社会处处可见障碍与阻力，处处可见风险与危机，但只要善于随机应变，转化有术，事情就会变得明朗、顺利起来。在现实生活中，我们可以看到，善于随机应变的人，总是能够化险为夷，转危为安，能够将大事化小、小事化了，并且能够化平凡为珍贵，化腐朽为神奇，从而取得比他人更大的成就。

## 1. 量化每个细节

你们要求我创造奇迹，我做不到……只有谨慎从事，怀有智虑和远见，我们才能完成伟大的目标。从失败到胜利只有一步之遥。我从众多重大的事件中得知，差之毫厘，失之千里。最终来说，决定每个事件的往往是细节。

成功者与失败者之间究竟有多大差别？人与人之间在智力和体力上的差异并不是想象中的那么大。很多小事，一个人能做，另外的人也能做，只是做出来的效果不一样，往往是一些细节上的功夫，决定着完成的质量。可以说，小事成就大事，细节成就完美；多做一步，你就更接近目标。下面是关于一位出租车司机的故事。

有位出租车司机有很强的计算出租的成本和收益的意识，也有很精明的增强收益的技巧。比如他说："成本是不能按千米算的，只能按时间算。每次载客之间的空驶时间平均为7分钟。

如果上来一个起步价 10 元，大概要开 10 分钟。也就是每一个 10 元的客人要花 17 分钟的成本，就是 9.8 元。不赚钱啊！"如此情况，又该怎么办呢？"千万不能被客户拉了满街跑。而是通过选择停车的地点、时间和客户，主动地决定你要去的地方。"接着，他举了几个例子，这里略举两例：

那天在人民广场，三个人在前面招手。一个是位年轻女子，拿着小包，刚买完东西。还有一对青年男女，一看就是逛街的。第三个是位里面穿绒衬衫、外面穿羽绒服的男子，拿着笔记本包。这位司机见状，便毫不犹豫地停在这位男子面前。这位男子上车后说："延安高架、南北高架……"还没完就忍不住问："为什么你毫不犹豫地开到我面前？前面还有两个人，他们要是想上车，我也不好意思和他们抢。"这位司机回答说："中午的时候，还有十几分钟就 1 点了。那个女孩子是中午溜出来买东西的，估计公司很近；那对男女是游客，没拿什么东西，不会去很远；你是出去办事的，拿着笔记本包，一看就是公务。而且这个时候出去，估计应该不会近。"那位男子就说："你说对了，去宝山。"

另有一次是：一位乘客打车去火车站，说是要怎么怎么走。这位司机说："还是上高架吧。"乘客说："这就绕远了。"司机说："没关系，你经常走有经验，你那么走 50 块，你按我的走法，等里程表 50 块了，我就翻表。你只给 50 块就好了，多的算我的。按你说的那么走要 50 分钟，我带你这么走只要 25 分钟。"其结果是，按出租司机建议的路行驶，多走了 4 千米，但快了 25 分钟，司机只收了 50 块。乘客很高兴，省了 10 元钱左右。

"而这 4 千米对我来说也就是 1 块多钱的油钱。我相当于用 1 元多钱买了 25 分钟。我刚才说了，我一小时的成本 34.5 块，我多合算啊！"出租司机这样总结。

这位出租司机能够计算出每千米的成本和收入是多少，所以他宁愿载客时绕路而不多收钱，就是考虑到：如果不绕的话，花在堵车上的时间造成的收入损失，远大于绕路的油钱。这种心智让人佩服，出租车司机的例子说明细节是一种创造，不要以为创造就非得轰轰烈烈，惊天动地。

同样，工作中的小小改进，细节调整同样是一种创造。要想比他人更优秀，只有在每一件小事上比功夫。然而我们只看到的人家成功的辉煌，却很少去关注他们对管理细节的用心。对于敬业者来说，凡事无小事，简单不等于容易。因此，要积极倡导：花大力气做好小事情，把小事做细。"水桶理论"已是老生常谈。因此，接了手的事必须按时、按标准完成，不能完成没有任何解释的理由；已做完的事情，自己检查认定完全没有错误再上报，不要等检查出了破绽或漏洞再辩解。把小事做细了，工作效率自然就提高了。

很多小事，一个人能做，另外的人也能做，只是做出来的效果不一样，往往是一些细节上的功夫，决定着完成的质量。看不到细节，或者不把细节当回事的人，对工作缺乏认真的态度，对事情只能是敷衍了事。这种人无法把工作当做一种乐趣，而只是当做一种不得不受的苦役，因而在工作中缺乏热情。他们只能永远做他人分配给他们做的工作，甚至即便这样也不能把事情做好。而考虑到细节、注重细节的人，不仅认真对待工作，将小事做细，而且注重在做事的细节中找到机会，从而使自己走上成功之路。

事实上，细节是成就伟大的一大保证。一心渴望伟大、追求伟大，但却眼高手低的人，其伟大却了无踪影；甘于平淡，做事谨慎，认真做好每个细节，其伟大却不期而至。

而历史上那些重大成就的取得，奇迹的创造，也无一不与重视细节有关。世界上最伟大的军事天才之一——拿破仑·波拿巴，曾做了大量的工作，不仅包括重大的军事决策，还包括平常一些琐碎的工作，如在他成为总司令的前 20 天之中，光是解决军队供应的书面命令他就颁布了 123 项，对于如何处理盗用公款、短斤缺两、伪劣用品等问题都做了细致的规定，而且这些命令都是在行军途中，利用战斗的间隙发布的。对于如此大大小小的事情，他又是怎样对待的呢？他在远征意大利的时候写信给法国的督政们说："你们要求我创造奇迹，我做不到……只有谨慎从事，怀有智虑和远见，我们才能完成伟大的目标。从失败到胜利只有一步之遥。我从众多重大的事件中得知，差之毫厘，失之千里。最终来说，决定每个事件的往往是细节。"

重视事情的细节，在每一环节每一步骤上都谨慎小心从事，决不疏忽大意，这就是拿破仑之所以能成功的关键之一，也是世间众多杰出人物出类拔萃，走向成功的一个重要因素。

同样，一个人要创新，必须加强对细节的关注。所以说，在激烈的市场竞争中，谁关注细节，谁就把握了创新之源，也就在竞争中抢得了先机。一向以创新意识著称的海尔集团总裁张瑞敏曾经说过："创新存在于企业的每一个细节之中。"

一些管理人士认为，在做一个项目之前，我们每个人都要问我们自己几个问题：

（1）目标是什么？

（2）目标分哪些阶段来实现？

（3）各个阶段都有很多任务，选择哪一个作为开始？

（4）各个阶段要花多少时间，如何把每个任务划分到每个月、每周、每天、每小时、每分钟？

（5）在每个任务实现的过程中，是不是每一步都足够好，足够完美？

那么，从现在开始，你还在等什么呢，量化你自己的细节，为你实现从量到质的飞跃跨出第一步吧，事业的成功就在步步为营中向你迎面而来！

**做事真言**

"细节中隐藏魔鬼"，抓住了细节的手，往往也就抓住了解决问题的关键。

# 2. 专心做好手头的工作

提升效率的基本功夫，就是专注、专心，把工作步调加快，培养急迫感，一次专心做一件事，以飞快的速度完成，立刻再投入下一件工作。如此一来，一定时间里所完成的工作量是相当惊人的。不能集中注意力，一切免谈。半路上受到各种各样的打扰，工作效率也难以提上来。总之，提高效率，不论靠高度自律、时间管理或方法诀窍，想要事半功倍，就必须以专心为前提。

一次只专心地做好一件事，全身心地投入并积极地希望它成功，这样你就不会感到精疲力尽。不要让你的思维转到别的事情、别的需要或别的想法上去。专心于你已经决定去做的那个重要项目，放弃其他所有的事。

把你需要做的事想象成是一大排抽屉中的一个小抽屉。你的工作只是一次拉开一个抽屉，令人满意地完成抽屉内的工作，然后将抽屉推回去。不要总想着所有的抽屉，将精力集中于你已经打开的那个抽屉。一旦你把一个抽屉推回去了，就不要再去想它。

为了保证你的工作成效，你必须学会如何拒绝那些会耗尽你的生产能力的活动和工作。

提升效率的基本功夫，就是专注、专心，把工作步调加快，培养急迫感，一次专心做一件事，以飞快的速度完成，立刻再投入下一件工作。如此一来，一定时间里所完成的工作量是相当惊人的。不能集中注意力，一切免谈。半路上受到各种各样的打扰，工作效率自也难以提上来。总之，提高效率，不论靠高度自律、时间管理或方法诀窍，想要事半功倍，就必须以专心为前提。

在日常生活中，我们做事别无选择，只能记着一件事：分清楚事情的轻重缓急，一次只专心处理一件事，先处理最急、最重要的事。你是否有时会觉得你的头在旋转而无法集中你的注意力，无法正确地思考问题，感到无法自控，困惑不安？你把多少注意力集中于工作上？你的思维是否已游离至别处？那么怎么样才能够专心地一次只做一件事情呢？

如果你的思维不时转移到那些令人分散注意力或使人苦恼的事上，那就说明你并没有把你的注意力集中于你手头上的工作，你的大脑还在想一些其他的事。这些令人分散注意力、产生压力的想法都会使你难以集中注意力，从而不能高效率地工作，甚至弄出些差错来。那么，怎样才能做到一段时间专心于一件事，以提高自己的效率呢？

（1）精神放松。放松1分钟，摆脱精神上的紧张，然后花3分钟或者更长的时间将你的注意力完全集中在某个具体、令人愉快、平静的事物上。这一方法能够奏效是因为尽管人的大脑十分复杂，它在一段时间内也只能集中在一件事上。如果注意力集中在消极、产生压力的想法上，你在心理上、生理上都会感到有压力。集中注意力，清除杂念，在身体和精神两方面都会获得许多益处。

你可以通过做一些保健活动来活动活动筋骨，放松肌肉，让全身变得轻松，精神抖擞。你也可以通过沉思去更深入地发现什么对你来说是有用的。沉思是一个使头冷静、清晰的过程，再一次把你的注意力集中在当前某件具体的事、活动或想法上，并使你充分地意识到这一点。

（2）不分散自己的精力。记者西奥多·瑞瑟在爱迪生的实验室外面扎营3个星期之后，才访问到这位著名的发明家。当瑞瑟问道："成功的第一要素是什么？"爱迪生回答："能够将你身体与心智的能量锲而不舍地运用在同一个问题上而不会厌倦的能力……你整天都在做事，不是吗？每个人都是。假如你早上7点起床，晚上11点睡觉，你做事就做了整整16个小时。对大多数人而言，他们肯定是一直在做一些事，唯一的问题是，他们做很多很多事，而我只做一件。假如他们将这些时间运用在一个方向、一个目的上，他们都会成功。"

（3）把握现在。拿破仑·希尔说："大多数人都是略微超前或略微落后，从未准确地活在现在。假如正在与人谈话，可能同时在回想自己刚才说的话、他人刚说过的话，或是他们正想要说的话，甚至在想一些完全不相关的事。我们可以从表演艺术中学到宝贵的教训：最好的演员能融入现在。他们会非常专心地听，即使已经将台词背得滚瓜烂熟，他们还是会对接下来所说的台词有全新的感觉。两个演员演出一幕戏时，他们事实上只有唯一的一句台词。因为只有第一句能显出他们表演的功力。之后的每一句台词都只是针对其他演员所说或所为而作出的反应。在这些成功的演员身上，我们可以学习融入现在。"

## 做事真言

了解你在每次任务中所需担负的责任，了解你的极限。选择最重要的事先做，把其他的事放在一边。首先专注于最紧急、最重要的工作。一件接着一件地往下做。做得少一点，做得好一点，在工作中得到更多的快乐。这会使你更有效率，自然，生活也更为轻松。

# 3. 把球巧妙地踢转出去

在竞争环境中，对立双方所感受到的压力有着此消彼长的关系。当一方能够镇定自若，保持风度，展露微笑；另一方的沉静将给对手最大的威胁。当你能够巧妙地给自己减压的同时，对方不免倍感压力。压力转移，紧张的情绪便也随之转移。

我们都看过 22 个男人的游戏——"踢足球"。其实剔除技术成分换一个角度来看，他们都在进行着一项活动，那就是把脚下的那个圆形的东西从自己的脚底传到他人的脚底，然后通过自己的脚或是借助他人的脚力将它踢到他人家的门口，以最终取得胜利为目标。

"踢足球"同武道的太极拳有些类似，就是在推挪盘缠之间，巧妙地把内损推到对手的身上，让对方不知不觉中接过你的包袱，这个时候你再乘对方云里雾里的时候收手，紧接着再进攻，就可以做到战无不胜了。

在生活中，在事业中，当我们遇到无理的要求、指责、刁难或者挑衅时，可别忘了以其人之道，还治其人之身，把球直接踢回对方。如此，事情便可轻松化解了。

一些大人物、成功人士，对于这一点的运用都是娴熟于心的。

一次，林肯总统正在演讲，一位先生递给他一张纸条。林肯一看，只有两个字："傻瓜"。看了之后，林肯镇静地说："本总统收到过许多匿名信，全部只有正文，不见署名。而今天正好相反，刚才那位先生只署上了自己的名字，却忘了写正文。"

一个轻松的幽默讥俏，便将"傻瓜"之"球"巧妙地踢回给台下递纸条的人身上去了。

林肯还有一个更为世人称道的"踢球"故事。

有位外交官偶然地看见林肯在擦自己的靴子，就问："呵，总统先生，你经常擦自己的靴子吗？"这问话中显然带有讽刺的口吻，作为外交官用这种口吻，就更会使听话的人难堪。林肯不动声色地回答道："是啊，你经常擦谁的靴子呢？"

林肯巧妙地绕开对方所提出的一个判断性问题，进而找出破绽，给对方踢回了一个特指性的反诘。难堪随之转到了那位外交官身上。我们再看一个关于奥运健儿在赛场上巧用"踢球"方法战胜对手的事例。

在正式比赛前，朱启南在训练场上随便打就能打10环，弄得教练又高兴又有点担心。一是怕状态出来太早，影响正式比赛的发挥；二是怕引起对手和媒体的注意，从暗处走到明处。到后来没办法，教练就逼着他打9环，好让一同训练的其他对手不重视他。这一招果然奏效，不管是媒体还是对手，确实没有人特别看好朱启南。结果，在雅典奥运会比赛中轻松上阵，朱启南此前最好成绩是预赛598环，这次打了599环，比对手高出不少。

保存实力——这种转嫁压力法，让对手的自信预先膨胀，头脑过热，而自己就能藏在暗处，先发制人。在奥运会女子100米蛙泳比赛中，罗雪娟以第7名的成绩进入决赛，很多人认为她没戏了，但她最终挺了过去。不过，浙江省游泳队领队邵金杰根本不相信她的半决赛成绩，认为这只是个战术安排。2003年世锦赛遭遇琼斯，她采用打乱节奏的方式，最后胜出。

这是将压力的"包袱"踢转给对方。在竞争环境中，对立双方所感受到的压力有着此消彼长的关系。当一方能够镇定自若，保持风度，展露微笑；你的沉静将给对手最大的威胁。当你能够巧妙地给自己减压的同时，对方不免倍感压力。压力转移，紧张的情绪便也随之转移。

同样，在你做事的时候，很容易碰见从外面丢过来的"包袱"，你如果不做好将其推掉的准备，很可能就得自己独力承担，被迫扛下这份不必扛的责任。比如上级下发给你们这个小团队一个任务，可是由于技术原因或者是他人的个人原因，而受到领导的批评，可是这时候，这个错误并不是你犯下的，你该怎么办？

也许，默默地承受不属于自己的错误，是我们在中国这样一个传统的推崇中庸之道的大环境里所提倡的，但是你低头接下这个"包袱"的时候，他人已经溜之大吉，就剩你在老板的面前俯首道歉。更可气的是老板并不一定知道是你担下了这样的重担，而真的认为这就是你犯下的错误，在以后的时间里老板会对你产生很恶劣的印象，将大大地影响你做事的效益。

因此在做事过程中踢好球，打好这场"战役"，你可以选择另外一个有效的办法，那就是将这个"球"踢给他人，或者是"踢"出场外。而"踢"给什么样的人呢？这一点也很重要，听起来有些类似于推卸责任，但恰恰相反，这和后者有着本质的区别。

职场"踢球"是将工作的责任分摊给各个有着联系的小组成员，或者是有着更大能力来解决这个问题的重量级人物。放到现实中，比如领导 A 吩咐你做这件事，可是你清楚你无法胜任这件事，你可以借机请教领导 B，领导 B 告诉你怎么做以后，你可以参考领导 B 的方法进行下去，做得好，你可以得到领导 A 嘉奖，如果表现不好，那也情有可原，因为你事先已经把球"踢"给了领导 B，这样一来由于他们的地位在同一水平线上，也不好再多说什么，而你也可以安心地继续你的工作。

另外，踢好"球"还有一个不可忽视的一个方面就是，千万不要将"球"踢给无辜的人，这样会害人害己，弄不好当那个无辜的人知道了你把责任往他身上推的时候，下一个被丢"包袱"的一定非你莫属了。既然这样，当我们接手不了，可又不能推给他人的时候，怎么办呢？

那就学一学球场上那一招吧，就是把"球"踢出场外——破球。

"破球"不好用，因为"破球"意味着把这件事情进行下去的可能性破坏掉，确实需要一定的条件，但是在适当的时候我们只有用这个办法来化解自己的危机。因为有时候我们做事情并不是自己情愿的，"破球"就是干脆不去做这件事情，告诉那个人，你做不好这件事。虽然，一般人不愿意把自己放在一个没有能力的角色上。可是仔细想想，这何尝不是一种巧妙的做法，因为大部分人都会把矛头指向那个做了事但把事情做坏的人身上，而不会去指责一个因为不会做这件事情而将其推掉的人。

**做事真言**

当你没有把握将球射进对方的球门时，就要将球踢给你的队友。同样做事也是如此，如果你没有信心做好某件事，不妨把它当做球巧妙地踢给其他人。

# 4. 特殊情况下转换一下角色

任何一种单一的性格都有其独特的优点，也有其独特的缺点，因而也有其最佳的适应环境。可以说，单一的性格，在某些环境下办事得心应手，游刃有余，在另外一些环境下则未必如此。对人太宽厚了，便约束不住，结果无法无天；对人太严格了，则毫无生气，有一利必有一弊，不能两全。善于做事的人，大都深谙此理，为了避免这个弊病，他们大都会在主要性格之外，吸纳另外一些人的性格特征，从而能在必要时扮演另外一种角色。

在事情比较艰巨、棘手的情况下，人们往往能看见一些软硬兼施、双管齐下的招数。在与人竞争、冲突中，大多数人欺软怕硬，也有人只服软不怕硬，有人软的硬的都不吃，但软硬齐下时未必能承受多大的压力，这么看来，软硬兼施，其效果还是很不错。

在生活中，不少人有着欺软怕硬的心理特征。对待这种人，你不妨软硬兼施。一味地软无异于纵人欺侮，总是硬又会招致对立，处处树敌。如果能用硬压住对方嚣张气焰，用软取得同情，予人面子，便会让对方有顺水推舟的心理。和你敌对他没什么好处，而你这"硬汉"又给他留足了余地，他为什么不为你效力呢？

记得有人讲过这样一段故事。

两位同学去北京游玩，晚上住宿一家私人旅店，本以为条件当是很好的，可事实却让人大失所望。躺在硬板床上，心里总觉着不是滋味，于是他们想退房。"想退房？没门。"老板一开口就是大嗓门。见对方如此声势，两位同学心里还真有点害怕，也想就此了之，但心里终是不服。一位同学便狠了狠心，学着老板的腔调吼道："你凶什么凶，你想怎的？你，别瞎叫；我，想退房，要退房，坚决退房！"

听他们威胁要给监督局打电话，老板拨弄了一下算盘说："退房可以，但要交 10 元钱的手续费。"

他们一听可以退房，自然高兴，但要扣 10 元所谓的手续费又不甘心："如不是你那接客员把我骗来，又怎么会这样？要怪只能怪你的接客员骗错人了。还有，我受你们的骗这笔账还没算呢！"

如此一来又僵住了。大家都有点焦躁不安，想就此罢休。正在这时，外面又来了几位不知情的受骗者，那位同学见如此良机，便压低声音对着老板说："老板，我看还是全退了吧，想你也是明白人，如果我一嚷，那几位还没登记的旅客必会自行告退，什么轻什么重，老板你不会不明白吧！"

老板自是明白事理之人，终于无可奈何中把钱悉数退还给他们。

这次舌战，两位同学之所以能在势孤力单的情况下，让老板悉数吐出了到手的现金，主要在于采取了软硬兼施的策略：一是以硬制硬。老板大嗓门，他们也来个大嗓门，毫不示弱；二是先硬后软，软中又有硬。老板软下来了，答应退房，但仍坚持要手续费，于是他们趁其他的旅客到来之时，再趁机对其进行威胁。

做事就是要转换角色，这是每个人在与他人打交道时都能领会得到的。对一个身在职场打拼的人来说，其人脉关系网络在这中间显得尤为重要，它包括许多复杂的关系，比如与老板的关系、与下属的关系、与同事的关系、与客户的关系、与竞争对手的关系，等等。如果你不能转换好在这中间的角色，那么你在职业生涯中也许就将举步维艰。那么，应该如何去维护人脉网络中的角色呢？

在对待上司的时候你应该本着低头的姿态。任何一个上司，做到这个职位上，必定有某些过人之处是值得学习借鉴的，你应该尊重他们精彩的过去和骄人的业绩。当然，每一个上司都不是完美的。要让上司心悦诚服地接纳你的观点，你应在尊重的氛围里，有礼有节、有分寸地磨合。

在对待同事方面，你应该多去理解，和他们保持同一水平线。对同事你千万不能太苛求，在发生误解和争执的时候，一定要换个角度，站在对方的立场上去想，理解对方的处境，情绪化往往只会使相互间的关系一落千丈。

在处理自己与下属的关系时，应本着帮助与聆听的原则。帮助下属，其实就是帮助自己，因为员工们的积极性发挥得愈好，工作就会完成得愈出色，也能让你自己获得更多的尊重。而聆听更能体会到下属的心境和了解工作中的实际情况，为准确反馈信息、调整管理方式提供了详实的依据。

对于竞争对手，你应该表现出良好的涵养。无论在工作还是生活中，竞争对手可能处处存在。当你超越对手时，没有必要蔑视他，因为他也在寻求上进。当面对你的对手时，也不必心存芥蒂。无论对手如何使你难堪，都要保持大度的宽容风范，因为真正的胜利者是不会介意这样的举止行为的。

兵无常势，水无常形。遇方则方，遇圆则圆，方圆兼济，必有成功人生。这种性格属于善变型，能因人、因势、因时而变，极尽中庸文化之精髓。人际交往、谈判交涉、官场商场，必须懂得自保方可主动取胜。一味地"软"，无异于纵人欺侮，总是紧绷着脸，不会给人好脸色，又会激化对立、处处受防而落得敌人满天下。要在人世间做到见机行事、可刚可柔，就需要我们在不同的环境场合下转换适当的角色。

## 做事真言

在做事过程中，不要死守一种面孔不变，而要善于根据情况需要随机应变，这样才能永立于不败之地。

# 5. 柔弱胜刚强

要知道，柔情、友善的力量，永远胜过愤怒和暴力。这一点上，西方有一句古谚与此异曲同工："一滴蜂蜜所吸引的苍蝇，远远超过一桶毒药。"其实，这个道理在人类的身上同样是适用的。如果我们欲使他人倾向于自己的意见，就必须先让对方相信你是他真诚的朋友。你应当用柔情、友善去吸引住他的心，这才是化解问题的明智之道。

同情、恻隐之心人皆有之，而且在这世界上有很多人都是

"吃软不吃硬",对付这种人我们就必须采取以柔克刚的策略,也就是以打动他的同情、恻隐之心,去赢得他的支持和帮助了。

人都是具有同情心的,只要你将自己的真实困境和你内心的痛苦如实地说出来,他人就会动心。不过,虽然同情心可以促进人与人之间的理解,但这并不等于说事情马上就能得到解决,因为对方可能要考虑多方面的情况,有时也会处于犹豫之中,这就要求柔弱也要用得巧妙才是。

林肯在未做总统前,他一直做着律师业务,并且在后来开了自己的律师事务所。有一天,林肯正在律师事务所办公,一位老态龙钟的妇人找上门来,悲痛地诉说自己的遭遇。

原来,老人是位孤寡,没有子女,丈夫在独立战争中为国捐躯,靠抚恤金维持生活。前不久,抚恤金出纳员勒索她,要她交出一笔手续费才可领钱,而这手续费的金额高达抚恤金的一半。

听着老人的哭诉,林肯十分气愤,决定免费为她打官司,教训一下那个没良心的出纳员。

法庭开庭了。可那位出纳员是口头勒索,没有留下任何凭证,因此法庭指责林肯无中生有。林肯十分沉着,两眼闪着泪花,充满感情地回顾了英帝国对殖民地人民的压迫,以及爱国志士如何奋起反抗,如何忍饥挨饿地在冰雪里战斗,如何为了国家的独立抛头颅、洒热血……最后,他深情地说:"现在,一切都成为过去。1776年的英雄早已长眠地下,可他那衰老而可怜的夫人就在我们面前,要求申诉。这位老妇人从前也是位美丽的少女,曾与丈夫有过幸福愉快的生活。不过她已失去了一切,变得贫困无靠。可是某些人享受着烈士争取来的自由幸福,还要勒索他的遗孀那一点微不足道的抚恤金,良心何在?无依无靠的她,不得不向我们请求保护时,试问,我们能熟视无睹吗?"

听众被感动了,法庭里遍是哭泣声,一向不动感情的法官也眼圈泛红。被告的良心被唤醒了，再也不矢口否认了。最后，法庭通过了保护烈士遗孀不受勒索的判决。

没有证据的官司很难打赢，然而林肯成功了。这成功来源于他的正直善良，充满同情和爱心，并且投入了强烈的感情，从而收到了征服人心的效果。人心都是肉长的，在求人办事的关键时刻，不失时机地表示出自己的柔弱无助之状、痛苦之情，可以迅速调动起对方的同情心，使彼此在感情上靠近，产生共鸣，这就为问题的解决打下了情感的基础。

人类不只是理性的动物，也是感性的动物，有着丰富的感情，一般都具有同情弱者的天性。只要你能博得他人的同情，你所求的目的十有八九都可以达到。打动他人的恻隐之心的威力的确是不可小瞧，想一想，当你遇到下面这种情况时你会怎么办？你和某个人为了某件事争论不休，当你占据了情、理、法，各项事实完全偏向于你，而让对方毫无辩解余地时，对方突然泪流满面地求你饶恕，你怎么办？你是说"好啊，这会儿你无话可说，任凭我处置了吧"，还是说"噢，对不起，我不是故意要让你难堪，或许我火气大了些"呢？

说些动情的、催人泪下的话语或装出一副可怜兮兮样子，是打动人心博取同情的技巧。例如，推销员推销产品时，很可能遭到客户的拒绝，但如果过去了一段时间之后，他又坚持不懈地再次来了，当客户看到他汗水淋淋、满脸疲惫，却还保持微笑时，再不买就觉得实在过意不去了，于是就会买一点。再如，雨雪天气，人们一般会抱怨出行不便，但这却是推销员上门推销的不可多得的好日子。想想，外面下着雨，他人都躲在家里，而推销员却站在门口，不能不使人产生同情心，因而难于拒绝。虽然我们都很清楚地知道，这是推销员所采取的一种策略，但毕竟他冒着雨雪这样做，对此没人能无动于衷。这种方法，就是巧妙地利用了他人的恻隐之心。本来不打算买账的人，也会产生"再也不能让他白跑了"的想法，不然他们就会有一种心理负担和欠人情债的感觉。

　　要知道，柔情、友善的力量，永远胜过愤怒和暴力。这一点上，西方有一句古谚与此异曲同工："一滴蜂蜜所吸引的苍蝇，远远超过一桶毒药。"其实，这个道理在人类的身上同样是适用的。如果我们欲使他人倾向于自己的意见，就必须先让对方相信你是他真诚的朋友。你应当用柔情、友善去吸引住他的心，这才是化解问题的明智之道。

　　如果一个人事先对你心存成见，你就是找出所有的逻辑、理由来，也未必能使他接受你的意见；如果再用强迫的手段，更不能使他接受你的意见，即使口服心也不服。但是如果我们和颜悦色，轻语温柔，就很容易得到他的同意。

　　在生活中，人们常能感觉到柔情那无缝不入的巨大的力量。柔情似水，外柔内坚，柔情乃是人们，特别是女人们一道莫大的心计。而对于灾难、仇隙、怨恨、盛怒、冷漠等问题而言，柔情更能显示强大的力量。

　　正值经济萧条时期的美国某城市，一个 18 岁的少女，在亲朋的介绍下，好不容易找到一份在首饰店当售货员的工作，试用期 3 个月。新年快到了，店里的工作特别忙，姑娘干得很认真，因为她听经理对他人说有留下她的意思。

　　这天她来到店里上班，把柜台里的戒指拿出来整理。这时她瞥见从门外进来了一位 30 岁左右的顾客，衣着破旧，眼神游移不定地看着店里那些高级首饰。

　　姑娘心神有些紧张。这时，电话铃突然响了，姑娘便急着去接电话，慌乱之中，把一个盒子碰翻了，6 枚精美绝伦的钻石戒指落到地下。她慌忙四处寻找，很快捡起了其中的 5 枚，可是，还有一枚戒指呢？姑娘急出了一身汗。这时，她看到那个衣着破旧的男子正向门口走去。顿时，她猜到了戒指可能在哪儿。

　　当男子的手将要触及门柄时，姑娘柔声叫道："对不起，先生！"

那男子转过身来，两人相视无言足足有一分钟。"什么事？"他问，脸上的肌肉有些抽搐。"什么事？"他再次问道。

"先生，这是我头回工作，现在找个事做很难，是不是？"姑娘神色黯然地说。

"是的。"男子脸上僵硬的表情有些松动。

"我想，要是你在我这样的岗位上工作，你一定会尽心将它做好的。"

男子久久地审视着她，终于，一丝柔和的微笑呈现在他的脸上。"是的，的确如此。"他回答，"但是我能肯定，你会在这里干得不错。"停了一下，他向前一步，把手伸给她："我可以为你祝福吗？"

姑娘也立刻伸出手，两只手紧紧地握在一起，她用低低的但十分柔和的声音说："也祝你好运！"

他转过身，慢慢走向门口，姑娘目送他的身影消失在门外，转身走向柜台，把手中握着的第 6 枚戒指放回盒中。

对于盗窃案，一般情况下，人们采用报警或叫人帮忙抓住盗窃者的方法追回赃物。但姑娘没有，她利用自己一个柔弱女子的身份，用让人同情的口吻，求得对方的良心的发现，从而避免了一场大的纷争。毕竟，对方跟自己一样，也是一个深知找工作不容易的贫苦人，可谓同病相怜。

相反，如果姑娘一旦声张，对方肯定不承认，然后要么想办法脱身离去，要么难以脱身时将那枚戒指随手一丢，其结果可想而知。不但姑娘要赔偿损失，连那来之不易的工作也会因此丢失。

明智的女人都懂得示人柔弱的道理。与男人相比，女人本来就在体力上占有弱势，如果她们懂得适时地显示自己"软弱可怜"，便很容易赢得男人的同情、援手或爱恋。一个弱不禁风的女人，她给人的感觉就仿佛如果你不扶她一把，她就会倒下，这样的弱女子，又有哪一个男人不生怜爱之心，她如有事相求，又有谁会不伸援手。

## 做事真言

"柔"被柔弱者利用，可以博得他人的同情，获得他人的援助，从而救自己于危难之中；"柔"若被刚正者利用，则刚中有柔，柔中有刚，刚柔相济，从而成就一番伟业，为世人所敬佩、景仰。

# 六、融会贯通，游刃有余

"庖丁解牛"的故事告诉我们：世间一切事物，都有它自身的发展规律，掌握了事物的发展规律，办事就可以得心应手，游刃有余。这个世界并非没有障碍、没有阻力，但只要懂得融会贯通，事情也就会变得明朗、顺利起来。在现实生活中，我们可以看到，懂得适时变通、善于融会贯通的人，其遇事虽有惊而无险，其处事常游刃有余，这样的人，总是能够取得比他人更大的成就。

## 1. 寻求彼此的共同点

天下何处无朋友？交谈何必曾相识！要想用三言两语便赢得对方的好感，甚至一见如故，关键功夫要花在见面交谈之前。未见其人，先闻其名，这也是一种赞美，赞美他的声名远播；这更会让对方有所感动，至少你在见面之前就曾关注过他。而你一交谈就能有的放矢，切中肯綮，就会迅速在对方心头产生共鸣，接下来的事情就更好说了。

在当今商品经济社会，与人交往的能力越来越显出其重要性。对大多数人来说，一个人的交际面越广，他的事业也就能变得越加顺利；而那些不善于与他人交往的，他在事业上的阻力便会相对较大。这就需要我们有意识地增强自己与他人的交往能力，增强自己对他人的吸引力。而在与他人交往中，特别是在与陌生人初次交往时，寻求彼此的共同点，便能很有效地吸引对方，并迅速拉近彼此之间的距离。

如在交往时，如果首先表明自己与对方的态度和价值观相同，就会使对方感觉到你与他有更多的相似性，从而很快地缩小与你的心理距离，更愿同你接近，结成良好的人际关系。

1984 年 5 月，美国总统里根访问上海复旦大学。在一间大教室内，里根总统面对一百多位初次见面的复旦学生，他的开场白，注重寻求彼此的共同点，紧紧抓住彼此之间还算"亲近"的关系。他说："其实，我和你们学校有着密切的关系。你们的谢希德校长同我的夫人南希，都是美国史密斯学院的校友呢。照此看来，我和各位自然也就都是朋友了！"此话一出，全场鼓掌。短短的两句话就使一百多位黑发黄肤的中国大学生把这位碧眼高鼻的洋总统当做十分亲近的朋友。接下来的交谈气氛极为融洽。

有一位青年求职，应聘几家单位都被拒之门外，感到十分沮丧。最后，他又抱着一线希望到一家公司应聘，在此之前，他先打听该公司总经理的历史，通过了解，他发现这个公司总经理以前也有与自己相似的经历，如获至宝。凭着自己的学识，他通过了最初的面试。复试则是由总经理亲自主持。在复试时，他就与总经理畅谈自己的求职经历，以及自己怀才不遇的愤慨，果然，这一席话引发了总经理的共鸣，因而博得了他的好感，最后自己被录用为业务经理。

这位青年很聪明，他在和总经理打交道中并不拘泥于和其他应聘者一样单纯地为了介绍自己而介绍自己，而结合了对象的特质，将自己的特点有策略地往交谈的对象身上靠近，使得老总对他有更多的亲切感。

当然，要想寻求彼此的共同点，首先要善于捕捉对方所有相关的信息，把握其真实的态度，寻找其积极的、你可以接受的观点。你要知道对方是一个什么样的人，他喜好什么，他是哪里人等等，这些信息都是你应该事先要去了解的，只有把这些客观的特质都弄明白以后，这个人的基本性格你才会在心中掌握一个大概。如要处理好和上司的关系，就要了解上司过去的工作绩效，渐渐地了解上司的做事风格。如果你想有所成效，你就必须尽你所能去了解有关他的一切。这样说并不是在名人录里寻找到他的名字，而是通过多与认识他的人进行交谈，你就可以更多地了解上司的做事习惯，掌握双方之间有哪些共同点，当然，还要注意应该避免的问题。

其次，在掌握了双方的共同点后，寻找时机，恰到好处地向对方"亮出"这共同点，以在对方心里产生共鸣。你不说出双方的共同点，对方未必知道，知道也没有你亲口说出这般来得亲切。而在说出时，还要把握恰当的时机，否则其效果便会不佳，有时还可能适得其反，有故意套近乎之嫌。

天下何处无朋友？交谈何必曾相识！要想用三言两语便赢得对方的好感，甚至一见如故，关键功夫要花在见面交谈之前。未见其人，先闻其名，这也是一种赞美，赞美他的声名远播；这更会让对方有所感动，至少你在见面之前就曾关注过他。这样，一交谈就能有的放矢，切中肯綮，迅速在对方心头产生共鸣，接下来的事情就更好说了。不然，纵使有三寸不烂之舌，见面滔滔不绝，却只是"下笔千言，离题万里"，其结果也只能是使对方有云里雾里之感，自然，好感也无从而来。

## 做事真言

要想快速与交谈对象拉近距离，就必须寻找彼此的共同点。鉴于此，在谈话之先，最好尽可能多搜集一些对方的有关信息，对他的性格特点、兴趣爱好有一个大致的了解。

## 2. 懂也要问，多向他人请教

英国 19 世纪政治家查士德斐尔爵士曾对他的儿子作过这样的教导："要比他人聪明，但不要告诉人家你比他更聪明。"苏格拉底也在雅典一再地告诫他的门徒："你只知道一件事，就是你一无所知。"这真是绝妙的话语。这两位智者告诉了我们，在言语行事上应抱持谦虚的态度。

一般说来，一个人爱好什么，在这方面就会懂得比较多。如一个人爱好书法，必定有丰富的书法知识；一个人爱好钓鱼，钓鱼经验必定丰富，你没有必要恭维其爱好如何如何，这样的话他必然听得太多，如一阵风吹过耳畔，脑中划不下半点痕迹。这时，只要你虚心地讨教一番，他定会耐心地向你传授其中一二，因为虚心请教是高超的赞美。

有些人好为人师，总喜欢指导、教育他人，或显示自己。推销员有意找一些不懂的问题，或懂装不懂地向顾客请教，一般顾客是不会拒绝虚心讨教的推销员的。如推销员在向客户销售电脑时，不妨这样说：

"王总，在计算机方面您可是专家。这是我公司研制的新型电脑，请您指导指导，在设计方面还存在什么问题？"受到这番赞美，对方就会接过电脑资料信手翻翻，一旦被电脑先进的技术性能所吸引，推销便大功告成。

无论你采取什么方式请教他人：一个仰视的眼神，一种好奇的腔调，一个谦卑的手势，都有可能带来美妙的结果。你以为他会贬低你所提的问题吗？绝对不会！因为你肯定了他的智慧和判断力，抬高了他的荣耀和自尊心，同时还加深了彼此的感情。

永远不要说这样的话："看着吧！你会知道谁是谁非的。"这等于说："我会使你改变看法，我比你更聪明。"这实际上是一种挑战，在你还没有开始证明对方的错误之前，他已经准备迎战了。为什么要给自己增加困难呢？

美国生涯规划大师艾密尔·贝克特讲了这样一个故事。

有一位年轻的律师参加了一个重要案子的辩论。这个案子牵涉到一笔巨资和一项重要的法律问题。在辩论中，一位最高法院的法官对年轻的律师说："海事法追诉期限是6年，对吗？"

律师愣了一下，然后率直地说："不，海事法没有追诉期限。"

法庭内立刻静默下来，似乎连气温也降到了冰点。

这位律师后来对朋友说："当时，法庭内立刻静默下来。似乎连气温也降到了冰点。虽然我是对的，他错了；我也如实地指了出来。但他却没有因此而高兴，反而脸色铁青，令人望而生畏。尽管法律站在我这边，但我却铸成了一个大错，居然当众指出一位声望卓著、学识丰富的人的错误。"

这位律师所说没错，他确实犯了一个"比他人正确的错误"。在指出他人错了的时候，为什么不能做得更高明一些呢？

无论你采取什么方式指出他人的错误：一个蔑视的眼神、一种不满的腔调、一个不耐烦的手势，都有可能带来难堪的后果。你以为他会同意你所指出的吗？绝对不会！因为你否定了他的智慧和判断力，打击了他的荣耀和自尊心，同时还伤害了他的感情。他非但不会改变自己的看法，还要进行反击。这时，即使你搬出所有柏拉图或康德的逻辑也无济于事。

一般而言，让人们相信自己比他人更聪明，比他人更博学，他们就会喜欢你在身边。在你的衬托下，他们会觉得自己了不起。既然这样，那么我们对于自己的成就要轻描淡写。我们要谦虚，懂也要装不懂，这样的话，永远会受到欢迎。

一般来说，遇到不懂的都应该向人虚心请教，所谓"三人行，必有我师"。这是因为：每个人都有自己的长处，也有他的短处，正所谓"尺有所短，寸有所长"，哪怕是伟大的人物，也有他的缺点和不足；哪怕再平凡的人，也有他的长处。这样，以人之长，补己之短，就是一种学习，也就是拜人为师。

几乎每个人都有自己的爱好，都有自己擅长的事情，琴、棋、书、画、养花种草，甚至吸烟喝酒也算得上是爱好。爱好是一个人的乐趣所在，为了自己的爱好，每个人都舍得花钱，也舍得投入时间和精力，有的甚至达到废寝忘食的地步。对有些人来说，爱好就是他的命根子，你若冲撞他的爱好，轻则讨人嫌，重则怒气冲天。尊重他人的爱好，可以赢得他人的喜欢。常言所说的志趣相投，很大程度上是指兴趣、爱好接近，从而才使两人走到一起。

有时，不妨把自己变得"外行"一些，因为爱好相同的两个人相处时，谈的最多的自然是他们的爱好，两人即使是萍水相逢，也可能一见如故。对于爱好相同者，其相互切磋、玩味的全神贯注状令人好生羡慕。他们可能互相交流经验，也可能是为某一技术性问题争得面红耳赤，然而，有时候，你想恭维对方，不妨把自己表现得"外行"一些或水平更低一些，尤其是与领导相处时，更应如此。当你陪领导打乒乓球、玩电子游戏、打扑克牌、下棋时，如果不巧妙地"心慈手软"一些，把上司"杀"得一败涂地，"打"得脚不沾地，岂不太不给领导留面子？此时，你不妨多赞扬领导水平提高很快，暗中"手下留情"，岂不两全其美！有时，领导们也是很"天真"的，明知是你暗中"倒戈"，脸上却仍笑容可掬，露出胜利的喜悦，你的赞美也就大功告成了。

19世纪英国政治家查士德斐尔爵士曾对他的儿子作过这样的教导："要比他人聪明，但不要告诉人家你比他更聪明。"苏格拉底也在雅典一再地告诫他的门徒："你只知道一件事，就是你一无所知。"这真是绝妙的话语。这两位智者告诉了我们，在言语行事上应抱持谦虚的态度。

## 做事真言

永远要相信并记住这一点：我们所遇到的每一个人都是很聪明的。所以我们应该养成隐藏自己聪明的习惯。不要让他人无事可做，不要让他人插不上一句话，总之，不要显得比他人更聪明，而要留给他人显露其聪明的地方。

# 3. 透过牢骚，及时发现问题

古语说："闻弦歌而知雅意"，同样，我们可以说"闻牢骚而知事有误"，既知事有误，便当及时去调查，并加以改正。如此来看，发牢骚者，其实也在扮演着提醒者的角色。对于他人的提醒，我们必须加以重视。

牢骚即我们平常所说的抱怨。抱怨源于对现状的不满，当然其中也不乏牢骚人自身的原因，比如工作不认真、懒惰等等。人们常听到的牢骚，大到公司的管理制度，或者奖励机制的问题，小到上司行为的瑕疵使得员工对现状不满意等等，应有尽有。一般而言，发牢骚者总会让他人投去异样的眼光，让人心生厌烦，更甚者会引起领导的"特殊重视"，因为他们给人以对现状大为不满的印象。

其实，换一个角度来看，既然有人发牢骚，多半事出有因，事情不大如人意，所谓"不平则鸣"。当我们换一个角度去看待他人发出的牢骚，就会发现，他人的牢骚其实可以看做我们调整企业管理、行事风格等的一个很有用的信号。

不妨想想，为什么会有人如此发牢骚？一般来说，发牢骚的源头多半不在发牢骚者的身上，很可能是公司管理方面存在某些不足之处。如果发同样牢骚的不止一个人，那就更说明了这一点。

《战国策》中《冯谖客孟尝君》一文，非常生动地描绘了冯谖为生计寄食于孟尝君门下后，因受到不公正的待遇而三发牢骚的情形。

冯谖早年丧父，与母亲相依为命，虽贫寒而志不移，为人机智，工于心计，才气极高却又为人孤傲，后为生计寄食于孟尝君门下。孟尝君第一次见冯谖，问及冯谖有什么爱好及特长时，冯谖淡然地说没有什么喜好，也没有什么才能。于是孟尝君只是笑着留下了他。

不久，冯谖嫌孟尝君给自己的伙食很差，于是便靠着柱子弹击着自己的长铗唱道："长铗归来乎！食无鱼。"侍者将此事报告孟尝君，孟尝君说："那就给他备上鱼吃，待遇按中等门客的规格安排。"

不久冯谖又弹铗而歌："长铗归来乎！出无车。"左右都笑他不知足，如实报告了孟尝君。孟尝君素来慷慨，就说："那就给他配车，按上等门客的规格待遇。"大家心想这下你该知足了吧。

没想到，又过了一段时间，冯谖再次敲起他的长铗："长铗归来乎！无以为家。"冯谖第三次弹起他的长铗发牢骚，周围的人都很讨厌他，认为他是一个贪得无厌、不知自重的人。可孟尝君听了后，想了想，又派专人为冯谖老母安排好了衣食。

从此，冯谖不再发牢骚了。

而就是这个三弹长铗发牢骚的冯谖，后来，为孟尝君在薛地焚券买义，使齐王恢复其相位，并且赐先王礼器在薛地建立宗庙，为孟尝君营造了扎实的"三窟"，解除了他的后顾之忧。此后，孟尝君在齐国又做了几十年的相国，没有丝毫的过失，可谓全仗冯谖的功劳。

由此推知，当有人发牢骚，必定有某些不合理的地方需要改进；爱发牢骚者，也必定有所恃，有其独特的发现，或怀才不遇，或待遇不公，或深感管理混乱，或有危机感存在。认识到这一点，我们就应该清楚，我们要做的不是去堵住牢骚者的嘴，而是应该从牢骚者口中探出源头，及时查出并弥补其中的失误，以使人才不至于埋没，事情不至于趋于困境，这才是面对他人的牢骚时所应采取的最好方式。

某公司的员工苏丽文，爱与人说说笑笑，却也不时能听到她发两句牢骚。如她在与你聊了一会后，可能还会向你抱怨说："电梯门口那个地板很容易就会让人滑倒。"有时候，她又会和另外的女同事说："为什么人事处的那个小王总爱短信约办公室里的女生？"有时候，苏丽文倾诉的同时会夹杂着许多抱怨，她会停下手中的工作，向旁边的男同事小黎说："这个工作怎么这样安排啊，累死人了，而且昏沉沉的什么都做不了。"

再过一会儿，苏丽文又开始继续抱怨了："这么多的事情要做，我被压得喘不过气来，我已经尽力了，经理还老是催我。"

同事们都不大喜欢苏丽文发牢骚，往往她发牢骚时他们大都只当是没听到。但是她的领导却不这么认为。恰恰相反，他经常借着和苏丽文聊天的机会，从她的口中了解公司在近期有哪些不如人意的地方，在人力管理方面有哪些缺陷，然后再回到办公室，慢慢地结合工作需要，进行公司内部的微调。这样一来，他所在的部门，在员工与公司的关系之间，较之其他部门更加地协调，因此而受到了上级领导的嘉奖。

很显然，大多数团队中都会有个别像苏丽文这样的抱怨者。因此，我们不要一味地指责他们的满腹牢骚，而要正确对待他们口中的牢骚，甚至还应当感谢那些给我们抱怨的人。正是由于有了他们的"牢骚"我们才可以看见问题的所在，通过他们可以更加清楚漏洞所在。

古语说："闻弦歌而知雅意"，同样，我们可以说"闻牢骚而知事有误"，既知事有误，便当及时去调查，并加以改正。如此来看，发牢骚者，其实也在扮演着提醒者的角色。对于他人的提醒，我们必须加以重视。

概而言之，对待他人的牢骚，我们应该做到如下几点。

首先，要遵守"对事不对人"这条工作上的原则。对待他人的牢骚，只能针对"牢骚"的内容，而不是针对发出牢骚的人。你应该想想，如果没有人发牢骚，没有人来将缺点托出，那么缺点永远都在潜伏之中。有了什么问题，发现得越早越好，处理得越及时越好。如果任由问题日积月累而不加以理会，终有一日它会如火山一样喷发，到时你就会意识到一直以来没有人说出这个问题所在是多么的可怕。

其次，无论与人相处还是管理一家企业，你都要诚心地鼓励周围的人大胆直言。"逆耳之言为良药"，说的就是这个道理。让他们不要憋在肚子里，用你的态度去包容他人的牢骚，久而久之，事情就会在不断的牢骚声中慢慢地变得顺利，变得完善。这是用好他人的"不满之口"来办成自己事业的一把钥匙。发牢骚者并不完全是对的，但是回击发牢骚的人就一定是你的错了，因为你的这个举动也许就为你日后酿成大错埋下了伏笔。

最后，你还要有一双明辨是非的眼睛，分辨好哪些"牢骚"是空穴来风，哪一些是事出有因。对无无关痛痒的牢骚，你就当耳边风一笑而过就可以了，对于一些实实在在有问题的牢骚，那么你就要引起足够的重视了。

## 做事真言

能够以宽容而负责任的心态对待他人的牢骚，就可以使你更为及时地听到来自"错误"发出的声音，进而更早地发现问题的所在，解决好矛盾。

# 4. 放大他人优点，缩小他人缺点

一个人往往容易看到自己的优点，并引以为荣，而难以看到自己的缺点；相反，在看他人时，却是往往容易挑出其缺点，而难以找到其优点。如此，如果只凭感觉去看待他人，往往就容易失真。为了弥补这一点，我们在看待他人时，不妨有意识地放大其优点，缩小其缺点，这样可能更趋真实。即便同样是有些失真，但至少，这样会让我们的人际关系更为融洽。

每个人都有其优点，也有其缺点。但当一个人优点与缺点同时亮相的时候，在他人看来，看到更多更真切的是其缺点，而对于其优点，则容易忽略，甚至有些时候还视而不见。究其根源，当是人的以自我为中心的思想在作怪。一个人往往容易看到自己的优点，并引以为荣，而难以看到自己的缺点；相反，在看他人时，却是往往容易挑出其缺点，而难以找到其优点。如此，如果只凭感觉去看待他人，往往就容易失真。为了弥补这一点，我们在看待他人时，不妨有意识地放大其优点，缩小其缺点，这样可能更趋真实。即便同样是有些失真，但至少，这样会让我们的人际关系更为融洽。

在生活中，有许多的人，也许他们的生活方式或言谈风格等等这些东西都会跟你心中原本的"量人尺子"有些出入，甚至是背道而驰。出现这种情况的时候，我们不可以顽固地将自己的标准套在对方的身上，从而将其贬得全无价值。这样的话，你将永远得不到朋友，也永远不可能走上更宽阔的道路，因为你已经把自己禁锢在一个不切实际的条条框框里。因此，你所最应该做的就是将你心中原本的"量人尺子"收起来，而以开放的心态来看待身边众人。

当你和一个人共事的时候，你可能会发现他很多的缺点，甚至有些是不能容忍的。当有这样的情况出现的时候，你不妨有意识地将他的缺点缩小，将他的优点放大。那么你就很容易发现，他的优点其实很是出色，他还有着平日里看不见的一些优点，而他的缺点，其实许多人也同样具有，因而也并不是自己以前感觉的那么难以容忍。如此，和他在一起的时候，你对他的感觉也就好多了，你的很多状态自然也随之改变。你已经换了一个全新的角度来重新看待他。

当你遇到的是他人的缺点的时候，你可以有意识地将其缺点缩小化。譬如你的同事或上司有很多的毛病，做的事情一点都不合情理，而在特定的原因或情况下，你无法去直言道出，那么你可以将他们的缺点看得更小一点，甚至将之忽略。

小雨是一家外企的新人，在公司里担任着行政的工作，在这样的办公环境里，他需要不停的来回穿梭在员工办公区和上司的办公区。

有一次，由于顾客的原因，事情来得很突然，在没有事先往上司的办公室打转接电话的情况下，小雨就直接去敲了经理的门。大概在门外等了一分钟，经理才让他进去。进入办公室，小雨见经理的神色有些不悦，同时他也闻到了一股很奇怪的味道，他的眼睛瞟了一下，原来经理的办公桌旁边放了一双刚换下的袜子……

他顿时明白了，原来经理有"香港脚"，但他并没有捂着鼻子或皱着眉头，而是依旧保持笑脸的走到经理桌前，向经理报告了事情的发展情况后，就转身走出去了。由于小雨表现得很自然，所以丝毫没有让经理感到尴尬。

其实，有脚臭也并不是什么特别的事情。脚的味道本来就不那么好闻，不是常有"臭脚丫"、"臭鞋"的说法吗？这样一想，其实脚臭也算不得什么，不是什么特别难以容忍之事。试想，如果是自己有了脚臭或者狐臭之类，自己心里又希望他人如何看待呢？小雨的聪明正是将经理的生理缺点缩小，顺畅地与经理共事，才有了日后更好的发展机会，为自己的职业生涯划上漂亮的一笔。

如果当时小雨进入经理办公室，闻到那样一股奇特的味道，捂着鼻子，哪怕是皱一下眉头，会有什么后果？也许，下一个裁员的名单里，小雨就会榜上有名了。

如果你常常忽略他人的优点，或者只能看见他人一点点优点，你就要有意识地将他人的优点放大。你不妨想象，他其实有很多的优点、很大的潜能，而自己至今为止看见的只是其显露在外的一点而已，他还有许多优点、许多吸引人的地方都有待自己去发现。在生活中也常常如此。我们初次踏入某一个社交圈，每每看见的，除了三两个比较优秀出色的人物之外，其余的人看来都没什么优点，没什么特色，仿佛一个个都再平庸、再一般不过了。而时日一长，有了更深的接触交流，我们却会发现，其实每一个人都有着自己的优点，每一个人都有着其吸引人的优秀的品格，你会感叹，原来这个世界绝大多数的人都是那么可爱，那么有趣。

可以说，我们平日看见的他人的优点和缺点，也只是正在逐渐深入认识过程中的一个尚不完全的看法。要想将这一看法朝好的方面转变，我们也很有必要放大自己至今所了解的优点，缩小他人的缺点。

其实，无论在什么地带，天气总是有晴有雨；一个人无论处于什么地位，总会有顺利和不顺利的时候；无论在什么交际场合，所接触到的人物和谈吐，总有讨人喜欢的和不讨人喜欢的。这就需要我们有意识地放大他人的优点，缩小他人的缺点，从而回复到一个相对真实的认识世界。

## 做事真言

多看他人出色的地方，少看少说他人的缺点，这其实也是生活中的一种平常心。这样一来，你看待身边人物和事物就会为得更为顺眼，你周围的一切也会变得自然和谐起来。

# 5. 运用团体的吸引力

在需要得到众人支持的时候，你不妨先亮出鲜明的旗帜；而在需要某些人支持的时候，你不妨先将事业做得有声有色，并且要让他们看得到也感受得到，这样，就会较容易地将他们吸引过来。

心理学家阿希做了这样一个经典实验。在这个实验中，只有一个人是真正的被实验者，他面临着来自其他几个人的压力。具体实验方法是，想象你参加了实验组，任务是对线条的长短进行区分。7个人组成一个小组，大家围坐在桌子旁，你排在第6位。研究者要求每个小组成员报告3条线中哪一条与标准线一样长。你前面的5个人与你期待的回答一样：第二条线与标准线一样长，这个答案不是很明显吗？第二组线也很好判断。

很好！你的判断完全正确。现在接着做下一组实验。这一次，尽管答案还是那么明显，但是第一个人给出了错误答案，比如说第一条线与标准线一样长。当第二个人给出同样的答案后，你突然会坐直身子，再次检查那条线的长度。第三、第四、第五人也给出了同样的错误答案，你开始怀疑到底是你眼花了还是他们眼花了。当轮到你的时候，你会怎样报告呢？

"什么是正确答案，我现在不肯定？"你费力地想，却还是难以做出结论，"到底是小组成员说的那条线还是我自己的眼睛看到的那条线呢？"

这就是著名的阿希实验，这个实验告诉我们，我们总是倾向于跟随大多数人的想法或态度，以证明我们并不是孤立的，而是存在于一个群体之中。阿希实验其实就是一个经典的"从众效应"实验。从众效应是指人们自觉不自觉地以多数人的意见为准则，作出判断、形成印象的心理变化过程以及由此心理所做出的行为表现。它是指作为受众群体中的个体在信息接受中所采取的与大多数人相一致的心理和行为的对策倾向。从众行为是合乎人们心意和受欢迎的。不从众不仅不受欢迎，还会受人孤立和排挤，甚至引发某些意想不到的灾难。人们常常提倡的追随时代的步伐，与时俱进，指的就是追随大众的脚步；而年轻人喜欢追赶时髦，追随潮流，就更是从众效应的表现。

生活中常见这种情形。比如在街头，有两人弯腰在地上静静地看着，不知道他是在看蚂蚁呢，还是在看别的什么。很快就会有第三人，第四人凑上来看发生了什么事情。这一凑不打紧，就有更多的人会围上来，一同观看到底发生了什么事情，或者彼此询问。

既然存在着从众效应，那么就有必要对它加以关注，加以运用。很多广告宣传，便能见出其对人们从众心理的运用。

某商店的一位副经理颇有新招，他派人迅速调查本市曾经购买某种高压锅而又已知姓名并且使用满意的用户，将他们对这种高压锅的良好评价写在一幅广告上，并将广告立于门口。过往行人，见而停步，不免要看看。许多人家里正需要，一见广告写了那么多有名有姓的用户的肯定、称赞之语，自然也就确信此锅的质量了，于是欣然购买。不久，这批高压锅就顺利地销售出去了。这个牌子的高压锅很快在本市打开了销路，厂家还向该店发来了贺信。

就一般情形而言，多数人的选择总是正确的，随从多数人的行动也大体错不了，这已是目前较为普遍的心理。

在生活中，常常有这样的情形。当我们希望某一个人能够加入到我们的团体当中，和大家一起进行一项活动，但是由于他个人兴趣或秉性等等各种原因，他一直在圈外，但是整个事情少了他又会有所欠缺。为此我们常常不无遗憾。但是我们何不想一想，或许，在这种情况下，为什么不借助从众效应来吸引他呢？

比如你作为一个团队的领导，你即将要开发一个新的项目，你的下属们都已经蓄势待发，跃跃欲试了，可是这时候，你们还需要你的同级领导来加入这件事情，才能做得更为有声有色。可是，那位同级领导对你们的项目很不了解，也不感兴趣。这时候，你就可以适当地制造一种氛围，就是全部门上下都在关注这个项目，并且对它的前景赞不绝口。这样一来，你的那位同级领导，当他意识到只有他自己没有加入到这件事情中，而大家都在高度关注此事，他一定会将注意力转移到你们的项目上来。于是你们就成功了一半，再趁热打铁，就可以较容易地获得他的支持。

在需要得到众人支持的时候，你不妨先亮出鲜明的旗帜；而在需要某些人支持的时候，你不妨先将事业做得有声有色，并且要让他们看得到也感受得到，这样，就会较容易地将他们吸引过来。

**做事真言**

从众心理是人们一种非常根深蒂固的心理本能，因此，只要运用得当，将会给你的办事带来极佳的效果。

# 七、眼力决定成败：做事的 策略在于你的眼光和意识

　　有一位哲人曾经说过："我们的痛苦不是问题的本身带来的，而是我们对这些问题的看法而产生的。"这句话很经典，它引导我们学会解脱，而解脱的最好方式是面对不同的情况，用不同的思路去多角度地分析问题。因为事物具有多面性，视角不同，所得的结果就不同。

## 1. 眼力就是策略

　　做事的策略有时就体现在独特的眼光之中。有眼光的人观察事物有远见卓识，关键时候的判断和抉择也更正确，所以做起事来也更容易成功。

　　1934 年，美国总统罗斯福为挽救美国历史上最严重的经济危机而采取新政。实业家哈默密切地注视着形势的发展，他觉得自己事业大发展的时候可能到了，因为新政一旦实施，那么禁酒令就会被废除。

　　早在 1922 年的时候，美国议会通过了《沃尔斯台德法案》，法案规定不许酿造和销售酒精含量超过 5‰的饮料。而到了 20世纪 30 年代，由于经济危机，罗斯福总统不得不推行一系列改革的新政策。随着新政策一个接一个地出台，哈默凭自己多年经商的眼光判断，认为罗斯福总统会取消已经不合时宜的禁酒

令。而一旦禁酒令被解除，全美国对啤酒和威士忌酒的需求将会出现一个高潮。

　　然而市场上却没有酒桶，于是哈默把眼光盯住了白橡木酒桶。

　　事不宜迟，哈默很快就从苏联订购了几船的桶板。当货物运到美国时，却发现苏联人搞错了，他们运来的不是成型的桶板，而是一块块晾干的白橡木板。等不及追究谁的责任，哈默马上就近租用了纽约船坞公司的一个码头，修建起一座临时的桶板加工厂，日夜不停地加工这些白橡木板。

　　哈默的眼光是正确的。如他所料，很快，禁酒令被解除了。当禁酒令解除时，哈默的酒桶也正从生产线上源源不断地下线，这些酒桶很快被各大酒厂抢购一空，因为供不应求，哈默又在新泽西州建立了一个现代化的加工酒桶的工厂。钞票源源不断地流入了哈默的口袋。

　　哈默为什么能把公司的规模越做越大呢？是他拥有特别雄厚的资金吗？不是！是他有什么后台支持他吗？也不是！他唯一具有的就是超前意识和预见未来市场机会的眼光，正是这一眼光，使他的事业踏上了一个又一个新的台阶，最终成为美国的巨富。

　　一位年轻人乘火车去西北某地。火车行驶在一片荒无人烟的山野之中，人们一个个百无聊赖地望着窗外。到了一个拐弯处，随着火车慢慢地减速，有一幢简陋的平房缓缓地进入了人们的视野。也就在这时，几乎所有乘客都睁大眼睛"欣赏"起寂寞旅途中这道特别的风景。有的乘客开始窃窃议论起来这幢房子来。

　　年轻人的心为之一动。返程时，他特意在中途下了车，不辞辛劳地找到了这幢房子。主人告诉他，每天，火车都要从门前"隆隆"驶过，噪音实在让他们受不了，房主很想以低价卖掉房屋，但多年以来一直无人问津。

不久，年轻人用 3 万元买下了这幢平房，他觉得这幢房子处在火车转弯处，火车经过这里时都要减速，在荒凉的旅途中，乘客冷不丁看到这幢房子都会精神为之一振，用来做广告是再好不过了。他开始和一些大公司联系，推荐这道极好的"广告墙"。后来，可口可乐公司看中了它，在 3 年租期内，支付给年轻人 18 万元租金。只是举手之劳，效益就痛痛快快地翻了 6 倍。

看到上面这个故事后，有的人会在心里暗暗地和这个年轻人比较，最后得出结论了：这样的"点子"，我其实也能想到啊。但是，"第一个做的是天才，第二个做的是庸才，第三个做的是蠢才。"只有具有独到的眼光，看到别人所不能看到的机会，才是真正具有策略。

人生有小成功，也有大成功，如果你只想一辈子生活得好，努力真的很重要；但是你要做大一个事业，最重要的是眼光！

能在别人看来平常或不习惯的东西上看到价值的所在，这就是眼光。有策略的人看问题，不是只看到眼前，他还能运筹帷幄，看得更远；没有策略的人做事情，总是喜欢跟着潮流跑。当大家一窝蜂"下海"的时候他也去"下海"，当大家一窝蜂炒股的时候他也去炒股，当大家一窝蜂开网吧的时候他也去开网吧，这叫做人云亦云。人云亦云的反面是与众不同。与众不同，才可能有眼光。所以，在别人都没有看到的时候你看到了，这才叫"有眼光"；在别人只看到眼前利益时你看到了长远目标，这才叫"有眼光"；在别人纠缠于问题的细枝末节累得疲惫不堪时，你一下子抓住问题的主要矛盾，这才叫"有眼光"。看一想一的人，一辈子不可能有大出息；看一想二的人，事业上一定有发展；看一想三的人，这一生追求的是大抱负。

**做事真言**

　　一个没有眼光的人，不具备做事的策略，即使机遇就在身边，也对它视而不见。而有眼光的人，不仅能够看到机会，而且善于把握机会。

# 2. 发现你身边的宝藏

　　做事有策略的人，在做事的过程中，善于充分挖掘自己的已有资源，并让它们发挥出最大的作用。

　　从前，有个人名叫阿里·哈法德，住在距离印度河不远的地方，他拥有大片的兰花花园、稻谷良田和繁盛的园林。他是一位知足而富有的人。

　　有一天，一位年老的佛教僧侣来拜访阿里·哈法德，他坐在阿里·哈法德的火炉边，向他讲述钻石是如何形成的。最后，这位僧侣说："如果一个人拥有满满一手的钻石，他就可以买下整个国家的土地。要是他拥有一座钻石矿场，他就可以利用这笔巨额财富，把孩子送至王位。"

　　那天晚上上床时，阿里·哈法德感觉自己变成了一个穷人——不是因为他失去了一切，而是因为他开始变得不满足。他想："我要拥有一座钻石矿。"因此，他整夜难以入眠，第二天一大早，阿里·哈法德就跑去询问那位僧侣在什么地方可以找到钻石。

　　"只要你能在高山之间找到一条河流，而这条河流是流淌在白沙之上的，那么，你就可以在白沙中找到钻石。"僧侣说。

　　于是他卖掉了农场，把家交给了一位邻居照看，然后就出发去寻找钻石了。

　　在人们看来，他寻找的方向是十分明确的，他先是前往月亮山区寻找，然后来到巴勒斯坦地区，接着又流浪到了欧洲，最后他身上带的钱全部花光了，衣服又脏又破。

在旅途的最后一站，这位历经沧桑、痛苦万分的可怜人站在西班牙巴塞罗那海湾的岸边，怀着那位僧侣所激起的得到庞大财富的诱惑，将自己投入了迎面而来的巨浪中，从此永沉海底。

几十年后的一天，当阿里·哈法德的继承人（继承并居住在阿里·哈法德的庄园）牵着他的骆驼到花园里去饮水时，他突然发现，在那浅浅的溪底白沙中闪烁着一道奇异的光芒，他伸手下去，摸起一块黑石头，石头上有一道闪亮的地方，发出彩虹般的美丽色彩。他把这块怪异的石头拿进屋里，放在壁炉的架子上，继续去忙他的工作，把这件事完全忘掉了。

几天后，那位曾经告诉阿里·哈法德钻石是如何形成的僧侣，前来拜访阿里·哈法德的继承人。当看到架子上的石头所发出的光芒时，他立即奔上前去，惊奇地叫道："这是一颗钻石！这是一颗钻石！阿里·哈法德已经回来了吗？"

"没有，还没有，阿里·哈法德还没回来。那块石头是在我家的后花园里发现的。"

"我只要看一眼，就知道它是钻石，"这位僧侣说，"这确实是一颗钻石！"然后，他们一起奔向花园，用手捧起河底的白沙，发现了许多比第一颗更漂亮更有价值的钻石。

很多时候，我们费尽心思去远方寻找，希望能找到一个充满矿藏的宝库，但是，却忘记了珍惜和开发自己身边的矿藏。同样的道理，我们经常去羡慕别人的优点和长处，而忽略了自身可以发挥的优势。其实，任何一个人，无论他是普通劳动者，还是一个残疾人，他都拥有自己的"超级矿藏"，只要努力去挖掘，就能发现其中的无价之宝。

李扬是中国著名配音演员，被戏称为"天生爱叫的唐老鸭"。李扬在初中毕业后参军，在部队当一名工程兵，他的任务是挖土，打坑道，运灰浆，建房屋。可李扬却明白，自己身上的潜在的"超级宝藏"是影视文艺和文学艺术。在一般人看来，这两种工作简直是风马牛不相及。但李扬却通过智慧的灵光感应到了自己的潜力，他决心把这座"宝藏"开发出来。于是他抓紧时间工作，在业余时间认真读书看报，博览众多的名著剧本，并且自己尝试着搞创作。退伍后李扬成为一名普通工人，但他仍然矢志不渝地追求自己的目标。没有多久，大学恢复招生，他考上了北京工业大学机械系，成了一名大学生。从此，他用来开发自己身上的"超级宝藏"——影视艺术的机会增多了。经几个朋友的介绍，李扬在短短五年中参加了数部外国影片的译制录音工作。这个业余爱好者凭借着生动、俏皮的配音风格，参加了《西游记》中美猴王的配音。1986年初，他迎来了自己事业中的辉煌时刻，风靡世界的动画片《米老鼠和唐老鸭》招聘汉语配音演员，风格独特的李扬被美国迪斯尼公司相中，给唐老鸭配音，从此一举成名。李扬说，自己之所以成功，是因为一直没有停止过挖掘自己的潜能。

有的人在做事的过程中，到处去找可用的资源，包括人际关系、物质支持等，但是对自己身边的资源却熟视无睹，没有充分地去挖掘，结果，浪费了很多的精力与时间。其实，只要好好地挖掘——全面盘点自己的已有资源，就能找到属于自己的"钻石"，从而提高自己的做事能力，达到自己的目标，包括职位的上升和财富的增加。

在每个人的心灵中，都有一座"超级矿藏"被埋藏着，不管你有多"矮"，都拥有这么一座"矿藏"。问题的关键在于，你能否把它开发出来。成功地进行开采的，便是强者；惰于进行挖掘的，便是弱者。每个人都有一笔丰富的资产，如果你不善于去发现它，运用它，它就沉睡在被人遗忘的角落。盘点生命的资产，会让你感到自己并非一无所有，会让你看到自己的生活中还有无穷的、可以支持你的力量。只要你把自己所有的资产都清点起来，你就会发现，你还有很多可以运用的资本。

## 做事真言

每个人都有自己的资源和优势，做事有策略的人善于利用这些优势，所以做起事来能更快、更有效。

# 3. 练就敏锐的观察力

做事的策略来源于敏锐的观察力。细致的观察能使人产生设想，引人去创新，促使人去探索未知，从而创造杰出的成就。

细致敏锐的观察力是做大事的前提。只有练就敏锐的观察力，才能对整件事情有准确的把握，才能从细微处发现不可忽视的机会。很多大事业的成功都是从细致的观察开始的。

在科学领域中，细致观察有着尤其特殊的意义和价值。科学的原理起源于观察和实验，观察是第一步，没有观察就不会有接踵而来的突破。在科学技术发展史上，由于细致的观察而引出了很多新发现。

在物理学中发现电流的不是物理学家而是一位解剖学家。1780 年，意大利医生、解剖学家伽伐克在做青蛙解剖过程中，偶然地观察到，在放电火花附近或在雷雨来临之际，与金属相接触的蛙腿会发生痉挛。这使他感到十分惊奇。于是他又做了大量实验，最终发现了电流。

在化学方面，1774 年 8 月，英国化学普利斯特列得到了一个直径一英尺的大聚光镜，在闲玩时用来聚集日光，照射各种物质。当他照射氧化汞时，发现放出的气体能助燃，氧气就这样意外地被发现了。

梅达沃在牛津大学学习动物学，毕业后，在诺贝尔奖获得者弗洛里博士指导下从事病理学研究，从此对医学产生了浓厚的兴趣。在第二次世界大战中，梅达沃受政府委托，研究烧伤病人的植皮手术，为此，他必须与外科医生合作，共同研究。在研究中，他注意到第二次的植皮比第一次的植皮脱落得更快。这个现象对外科医生来说是众所周知的，不是什么新鲜事。可是梅达沃对这一现象没有忽略，而是进行了进一步的观察和研究。梅达沃不断深入地对皮肤移植进行研究，直到用兔子和白鼠做试验，发现了获得性免疫耐受性。梅达沃因发现获得性免疫耐受性现象，1960 年与提出"获得性免疫的无性繁殖选择学说"的伯内特一起获诺贝尔生理学医学奖。

瑞典著名化学家诺贝尔因发明安全烈性炸药而闻名于世，而这种炸药正是他进行观察实验时的意外产物。1867 年，诺贝尔在进行一次普通火药的物理化学性能研究的实验中不小心割破了手指，便在伤口涂上棉胶止血，无意中把剩余的棉胶丢落到硝化甘油里。诺贝尔仔细观察了棉胶和硝化甘油所起的化学反应，并继续研究这一现象，结果发明了一种安全烈性炸药——胶状炸药。这一偶然发现为诺贝尔的毕生事业奠定了基础。

19 世纪的英国物理学家瑞利从日常生活中观察到一个现象，他发现端茶时茶杯会在碟子里滑动和倾斜，有时茶杯里的茶水也会洒一些，但当茶水稍洒出一点弄湿了茶碟时会突然变得不易在碟上滑动了。瑞利对此现象做了进一步研究，做了许多相类似的实验，结果得到一种计算摩擦力的方法——倾斜法，并获得了成功。

1895 年，德国物理学家伦琴有一次在研究阴极射线管的放电现象时，偶然发现放在旁边的一包密封于黑纸里的照相底片走了光。他分析可能有某种射线在起作用，并把它称为 X 射线。经过进一步实验后，这一设想被证实了，于是 X 射线被意外发现。伦琴也因此于 1901 年获得了首届诺贝尔奖金。然而事实上，在伦琴前面有不少人碰到这样的情况，如 1890 年的美国人兹皮德以及 1892 年的德国另外一些物理学家都有过同样的情况，但他们都把这一意外忽视了，因此错过了发现 X 射线的机会。

敏锐的观察给我们提供了从偶然性背后找出必然性的条件，从而提供了新的视角与机会。

达尔文说：我既没有突出的理解力，也没有过人的机智，只是在观察那些稍纵即逝的事物并对其进行精细观察的能力方面，我可能在众人之上。达尔文通过不断地观察实践激发了对自然观察的兴趣，他具有一种捕捉例外情况的特殊天分。

观察得来的社会、自然的现象，又促使人去寻根究底，激发探索精神。科学家巴斯德在观察引起醋酸发酵的细菌运动中，看到接近滴液边缘时，有机物停止了运动。从这一点出发，他认为没有氧气生命也能存在，进而阐明了发酵是一种代谢过程，通过这一代谢过程，微生物从有机物质中得到氧气。

做事有策略的人大多是具有细致的观察力的人。对事物观察的广度和深度，决定认识事物的程度。观察能力强，在同样的事物面前就会有较多不同的发现，发现越多对事物了解得就越全面、越深刻，对做事也就越有利。

观察是掌握知识的一个首要步骤或最初阶段，是人的活动的源泉。正如罗伯特所说：真理存在于我们之中，并且只有通过观察才能认识。俄国著名生理学家巴甫洛夫把"观察、观察、再观察"作为自己的座右铭。观察是了解世界的窗口，观察能力是人们认识世界和帮助我们"做事"的望远镜和显微镜。

"观察"不仅需用眼睛"看"，还需要运用脑袋来"看"。"看"和"观察"，有很大区别。每天，映入我们眼帘的信息极其丰富，但却很少留下印象，更难说有什么发现和收获了。这是因为，"观察"和"看"虽然都是用眼睛，但是，"观察"是有目的的，是要寻找，要发现，要认识；而"看"的目的性不太强，主要的动机还只是有所感觉，并不追求一种理性的认为。正是这种差别，使得"观察"的印象特别深刻，而"看"的印象则比较淡漠。

**做事真言**

　　做事有策略的人时刻不忘培养自己细致的观察力，为自己培养出洞察机会的眼光，并且运用这种独特的眼光，为自己的事业创造难得的机会。

# 4. 做事要洞察"先机"

　　要想事业有长远的发展，就必须要有远见卓识。只有具备洞察事情的"先机"的能力，才能有努力的方向、明确的目标，才能变被动为主动。

　　清朝雍正年间的大将军年羹尧镇守西安之时，广求天下士，厚养幕僚。有一位孝廉叫蒋衡，应聘前往。年羹尧甚爱其才，对他说："下科状元一定是你的。"年羹尧说话语气如此之大，正是依仗他自己的功劳以及与皇帝的特殊关系。蒋衡见他刚愎自用，骄奢之极，就对他的一个同僚说："年羹尧德不胜威，当今万岁英明神武，年羹尧大祸必至，我们不可久居于此。"他的同僚不以为然，年羹尧的权势正如日中天，多少人巴不得投奔他的门下呢。

　　蒋衡不顾同僚的劝阻，执意称病回家。年羹尧挽留不住，取 1000 两黄金相赠，蒋衡坚辞不受，最后在年羹尧的坚持下，只接受了 100 两。蒋衡回家后不久，年羹尧果然出事了，牵连了不少人。因年羹尧一向奢华，送人钱财不到 500 两黄金的，从来不登记，蒋衡因只接受百两之赠，从而确保自己平安无事。

蒋衡从年羹尧的骄横言行中预见到他所存在的危机，及时地与他拉开距离，避免了祸及自身。可见，对事情的发展方向的预见是非常重要的，好的预见能力可以避免重大决策和方向上的偏差和错误。

要有超常的敏锐并及时作出科学预见，就必须比一般人看得早一点，想得深一些。这种先见之明，并非靠一时灵感，而是来自对规律的正确认识和把握。

战国时期，魏国的范雎受中大夫须贾迫害，逃匿民间。一次秦使王稽来魏，听说范雎很有才干，便暗中带他回秦。进入秦境时，一队人马迎面驰来，范雎问来人是谁，王稽说可能是秦相穰侯魏冉东巡县邑。范雎说："我耳闻穰侯专擅秦政，不容外人，今天被他碰上，轻则受辱，重则被驱。我还是躲到车底吧。"

顷刻，魏冉来到车前，问车中有无别国宾客，王稽说没有，魏冉就走了。范雎从车底出来，说："魏冉是聪明人，只是遇事反应慢点，刚才他怀疑车中有人，你说没有，他未搜查，过后一定不放心，会派人回来搜查的，我要避一避。"说完下车从小路向前走去。果然，过了一会儿，魏冉派人到车上翻找，见确实没人才作罢。

范雎通过分析魏冉的性格，知道他是一个多疑的人。所以在采取对策的时候，不但预先推断魏冉会有可能要搜查马车，而且还预见到魏冉可能会派人重新再搜一遍。正是他高超的预见能力，使他能防患于未然，逃避了被抓捕的命运。

做事的策略有时就体现在对事情的预见之中。有预见能力的人能及早地预测到事情发生的原因和发展的方向，所以能够提前防范，未雨绸缪，把事情引导向有利于自己的方向发展。做事没有策略的人，不懂得洞察事情的"先机"，只能任由事物发展，所以，在做事的过程中可能遭遇到更多的挫折和困难。

科学预见的主要表现是：其一，准确判断形势。对事物的产生、发展有全面的了解，善于把握各种矛盾之间的联系，善于抓住主要矛盾。其二，作出科学预测。既能预先推测或测定可能发生的事情，善抓苗头，思路清晰，头脑敏锐，把问题解决在萌芽状态；又能独具慧眼，发现和扶持新生事物，营造事业发展的有利态势。

**做事真言**

要想成大事，就要培养自己洞察"先机"的眼光。拿破仑说过："如果我总是表现得胸有成竹，那是因为在提出任何承诺前，我都是经过长期深思熟虑，并预见可能发生的情况。"

# 5. 看准时机再行动

要想成就大事，就要养成看准时机再行动的习惯。做事有策略的人在做事的时候，总是先看准时机再行动。

有位记者曾经问老演员查尔斯·科伯恩一个问题："一个人如果要想在生活中做成大事，最需要的是什么？大脑？精力？还是教育？"

查尔斯·科伯恩摇摇头。"这些东西都可以帮助你成大事。但是我觉得有一件事甚至更为重要，那就是：看准时机。"

"这个时机，"他接着说，"就是行动——或者按兵不动、说话——或是缄默不语的时机。在舞台上，每个演员都知道，把握时间是最重要的因素。我相信在生活中它也是个关键。如果你掌握了审时度势的艺术，在你的婚姻、你的工作以及你与他人的关系上，就不必刻意去追求幸福和成大事，它们会自动找上门来！"

这位老演员是正确的。如果你能学会在时机来临时识别它，在时机溜走之前就采取行动，生活中的问题就会大大简化。

把自己的目标深深地埋在心里，然后静待时机，也是高度智慧的体现之一。

亦辉公司调来了一位新主管，大多数的员工都很兴奋，因为据说新来的主管是一个能人，所以被派来专门整顿业务。可是，日子一天天过去，新来的主管却毫无作为，每天彬彬有礼地进办公室，便躲在里面难得出门。那些紧张得要死的懒员工，现在反而更猖獗了。"他哪里是个能人，根本就是个老好人，比以前的主管更容易唬了"，大家几乎都这么认为。

3 个月过去了，新来的主管却发威了，工作不合格的员工一律开除，能者则获得提升。下手之快，断事之准，与三个月中表现保守的他，简直像换了一个人。

年终聚餐时，新来的主管在酒后致辞："相信大家对我新上任后的表现和后来的大刀阔斧一定感到不解，现在听我说个故事，各位就明白了：

"我有一位朋友，买了栋带着大院的房子，他一搬进去，就对院子全面整顿，杂草杂树一律清除，改种自己新买的花卉。某日，原先的房主回访，进门大吃一惊地问，那些名贵的牡丹哪里去了。我这位朋友才发现，他居然把牡丹当成野草给割了，他很后悔，觉得自己不该不分良莠一起除掉了。后来他又买了一栋房子，虽然院子更是杂乱，他却是按兵不动，果然冬天以为是杂树的植物，春天里开了繁花；春天以为是野草的，夏天却是花团锦簇；半年都没有动静的小树，秋天居然红了叶。直到暮秋，他才认清哪些是无用的植物而大力铲除，并使所有珍贵的草木得以保存。"

说到这儿，主管举起杯来："让我敬在座的每一位！如果这个办公室是个花园，你们就是其间的珍木，珍木不可能一年到头都开花结果，只有经过长期的观察才认得出啊。"

这位新来的主管是真正懂得做大事的人。他能在新来的3个月中充分地摸清底细，熟悉办公室的环境和员工的能力大小，然后再在合适的时机，采取重大的措施，实施自己的管理方案。既保证了公司的精英员工得到重用，也清除了公司的不合格员工。他的策略就是等待时机，而这个策略就是做事的策略。

许多人以为会看时机是一种天分，是生来就具备的能力，就像是具有音乐细胞的耳朵一样。但事实并非如此，观察那些似乎有幸具备这种天分的人，你会发现这是一种任何人只要努力培养就能获得的技能。

要具备做事看准时机的能力，必须注意以下几点：

（1）增强自己的预见能力。未来并不是一本关闭上了的书，大多数将要发生的事都是由正在发生的事所决定的。所以，在做事的时候，要对当前的形势和情况做准确的分析和把握，设计今后的计划和方案，预测计划和方案的可行性。

（2）要不断地提醒自己把握时机。莎士比亚曾经写道："人间万事都有一个涨潮时刻，如果把握住潮头，就会领你走向好运。"一旦你明确了"看准时机"的重要意义，你就会朝着这个目标而努力。

（3）学会忍耐。你必须明白，过早地行动往往是欲速则不达。当你被愤怒、恐惧、嫉妒或者怨恨的漩涡所驱使时，千万不要做什么或者说什么。这些情绪的破坏力量可以毁坏你精心建立起来的"观时机制"。古希腊哲学家亚里士多德曾留下一段著名的话："任何人都会发火的——那很容易；但是要做到对适当的对象，以适当的程度，在适当的时机，为适当的目的，以及按适当的方式发火就不是每个人都能做到的了。这不是一件容易事。"

做人要有智慧，做事要有策略

**做事真言**

　　做事有策略的人时刻不忘磨炼自己看准时机的眼力。如果能在做事的过程中真正做到看准时机做事，做事就会容易很多。

# 八、方法总比问题多：求人 办事的策略

方法和问题是一对孪生兄弟，世上没有解决不了的问题，只有不会解决问题的人。问题是失败者逃避责任的借口，因而他们永远不会成功。而那些优秀的人不找借口，只找方法，把问题当成机会和挑战，因而成为成功者。所以，当你遇到问题时，应勤于思考，积极转换思路，寻求问题的解决方法，最终你会发现：问题再难，总有解决的方法，方法总比问题多。

## 1. 善于寻找得力的合作伙伴

做事有策略的人本身也许是个极平凡的人，并不一定有什么出类拔萃的异能，但是他们善于正确选择对自己有帮助的人为己所用，从而成就自己的事业。

常言道："生意好做，伙伴难找。"伙伴难找，善于运筹帷幄的朋友就更难求了，寻找一位能独当一面、协助自己成功的朋友尤为困难。

美国著名的百货公司萨耶·卢贝克公司的创始人之一——理查德·萨耶是靠做小生意起家的。他一生最大的长处，也是他成功的最主要因素，就是他善于寻找和利用朋友。

萨耶刚开始创业的时候，在明尼苏达州一条铁路上当运送货物的代理商。做这种代理商有个普遍的烦恼：有时收货人嫌

货不好，拒收送到的货物，若再将货物带回，就会倒赔一笔运费。萨耶为了避免这种情况，想出了一个新招——邮寄。这样不仅退货率大为降低，也为买主增加了便利。这种"函购、邮寄"的方式，获得了意外的成功。

萨耶知道自己的生意必须扩大规模，否则，别人利用他创造的这种经营方法，很可能赶到他前面去。

他饱尝了"伙伴难找"的滋味。他挑选了将近5年，直到有一天晚上，这个注定要在萨耶的事业中起关键性作用的人，自己骑着马来了。

他叫卢贝克，到圣·保罗去买东西，不料中途迷了路，已经饥肠辘辘，人困马乏。在皎洁的月光下，正在徘徊散步的萨耶看见了卢贝克，他邀请卢贝克到他的小店中休息，两人一见如故，然后隔着桌子热烈地拥抱在一起。以两人姓氏为名的世界性的大企业"萨耶·卢贝克公司"在拥抱中诞生了。

合作带来了新的财力和机遇，萨耶如虎添翼，公司第一年的营业额就比萨耶单干时增加将近10倍，达40万美元。第二年的发展更快，这种发展速度不仅令二人始料不及，而且使他俩明显地感到力不从心了。

卢贝克说："我们何不请一个有才能的人参加我们的生意?"萨耶一直把当年发现卢贝克视为一大快事，对他的这个建议由衷赞许："好吧，我们为我们的生意找个老板。"

为上百万元的生意找个经营人，实在比找伙伴困难多了，他们不久就灰心了。这种大将之才，实在是人杰鬼雄，本来就是很稀少的；即使真有这种人才，恐怕也早被别人拉走了。

萨耶和卢贝克经过几番谋划，决定开拓视野，到一般的小商人中去寻找。因为大公司的经理一般不屑于经营他们的"杂货铺"，而在平凡的人物中选拔适当人才并委以重任，他们一定会尽全力报效，不会像重金礼聘的知名人物，即使请来了，也只是抱着"帮帮忙"的心理。

终于有一天，一个布店老板进入了他们的视线。

那天，萨耶与卢贝克正好路过一家布店，只见人群拥挤，争先恐后地在抢购。等他们走近一看，才知道这家布店想出来的主意比任何人想像中的都绝。店门前贴着的大纸上写道：衣料已售完，明日有新货进来。那些抢购的女人，惟恐明天买不到，在预先交钱。伙计解释说，这种法国衣料原料不多，难以大量供应。萨耶知道这种布料进的不多，但并非因为缺少原料，而是因为销路不好，没法再继续进口。看到布店老板对女人心理如此巧妙的运用，以缺货来吊起时髦女人的胃口，他实在觉得这个老板手法高人一筹，令人折服。

"虽然不知他长得什么样，也不知他是老是少，但我几乎可以肯定，这个人就是我们要找的人！"萨耶和卢贝克都这样认为。然而，当他俩与店主见面时，却甚感意外，不禁面面相觑。原来他就是经常到他们店里贩布的路华德。他们彼此已认识好几年，从没有深谈过，并且路华德也从未有过什么特别的举动，因此萨耶和卢贝克对他也就没有什么特殊的印象，直到这次，他们把对方细细打量一番，才发现他的目光中有一种说不出的飞扬神采，给人以精明能干的感觉。

寒暄之后，萨耶开门见山地对路华德说："我们想请你参加我们的生意，坦白地说，想请你去当总经理。"

当上总经理的路华德为报知遇之恩，工作非常投入，取得了惊人的成就。萨耶·卢贝克公司声誉日隆，10年之中，营业额竟增加了600多倍。一时间，该公司拥有30万员工，每年的售货额将近70亿美元。对于零售行业，这简直是个不可思议的天文数字。

萨耶就是这样借着与朋友的合作，获得了后来的成功，如果当年他不发现和利用人才，没有与卢贝克和路华德合作，他的事业就不可能在最短的时间内获得那么大的成功。

一项事业的发展，如果有了朋友的帮助，就像往火中添柴，越烧越旺。在大多数的情况下，想成功，必须仰赖合作者的帮助。与你合作的人越多，你的运势就越旺，如果你又能正确地选择对你有帮助的人，成功必定指日可待。

世上有不少人获得了成功的人生，这是因为他们具有获得成功的条件。除去环境、机遇和个人能力等因素，处理好人际关系，特别是善于用朋友，则是不容忽视的环节。

如何才能吸引有帮助的朋友的合作呢？

（1）满足情感的需要。所谓情感需要，主要系指友情、彼此的伙伴意识。满足对方对友情的渴求，对方自然乐意助你一臂之力。存在于你和合作者间的，不是利害关系，而是"友谊""相互的尊重"。

（2）给予金钱的利益。切莫轻视利益的重要性，因为利益是吸引合作者助你一臂之力的要素，但是，过分重视利益也会破坏友谊的纯度。不给对方利益，会毁损你的魅力；给太多则可能适得其反。这之间的尺度，就靠你自己去掌握。

（3）提高自我重要感。在提高自我重要感方面，要明确地让对方知道，你多么需要对方的帮助，而且除了对方没有人有能力帮助你。这样能大大地满足对方的优越感，乐意为你效犬马之劳。

如能将上述三项秘诀铭记在心，你便会散发出无比的魅力，吸引优秀的合作者向你靠近，助你迈向成功之路。

在与朋友合作的过程中，不可对合作者的才能持过高的期望，或强求合作者。每个人都有其擅长和不擅长的部分。如果一味要求对方达到你的标准，不管对方是否有能力做到，只知要求，不知体谅感恩，甚至斥责对方、贬损对方，不但于事无补，还会使人心背离，失去优秀的合作者。

有些合作者是为了自己的利益才接近你的，对于此类伪合作者，一定要小心防范。虽说如此，却不能因此对所有合作者都持怀疑的态度。合作者的能力虽有高低，但对你有害的"有心人"，毕竟只是少数，切莫一竿子打翻一船人。

**做事真言**

　　必须学会结交朋友和利用朋友的优势，这样，你便能集合朋友的优势和你的长处，做成大事。

## 2. 帮助他人也等于是帮助了自己

　　做事有策略的人从来不吝啬对别人的帮助，因为他们知道，人抬人，人帮人，做起事来才会顺利，事业才会发达。

　　一个漆黑的夜晚，一个远行的苦行僧走到了一个荒僻的村落中，漆黑的街道上，络绎的村民们在默默地你来我往。

　　苦行僧转过一条巷道，他看见有一团晕黄的灯从巷道的深处亮过来。身旁的一位村民说："孙瞎子过来了。"瞎子？苦行僧愣了，他问身旁的村民："那挑着灯笼的真是一位盲人吗？"

　　"他真的是一位盲人。"村民肯定地告诉他。

　　苦行僧百思不得其解。一个双目失明的盲人，他没有白天和黑夜的概念，他挑起一盏灯笼岂不令人感到可笑？

　　灯笼渐渐近了，百思不得其解的僧人问："敢问施主真的是一位盲者吗？"挑灯笼的盲人告诉他："是的，从踏进这个世界，我就一直双眼混沌。"

　　僧人问："既然你什么也看不见，那你为何挑一盏灯笼呢？"

　　盲者说："我听说在黑夜里没有灯光的映照，那么满世界的人都和我一样是盲人，所以我就点燃了一盏灯笼。"

　　僧人若有所悟地说："原来您是为别人照明。"

　　但那盲人却说："不，我是为自己！"

　　"为你自己？"僧人又愣了。

盲者缓缓地对僧人说："你是否因为夜色漆黑而被其他行人碰撞过？"

僧人说："是的，就在刚才，还被两个不留心的人碰撞过。"

盲人说："但我就没有。虽说我是盲人，我什么也看不见，但我挑了这盏灯笼，既为别人照亮了路，也更让别人看到了我自己，这样，他们就不会因为看不见而碰撞我了。"

为别人点亮的灯，照亮了别人，也帮助了自己，这就是做事有策略的人乐于助人的心得。他们总是乐于为别人点亮生命的灯，所以，他们的人生道路上也能平安和灿烂。

在美国南部的一个州，每年都要举办南瓜品种大赛。有一个农夫的成绩相当优异，经常是首奖的获得者。每当他得奖之后，总是毫不吝惜地将参赛得奖的种子分给街坊邻居。有一位邻居很诧异地问："你能获奖实属不易，我们都看见你投入了大量的时间和精力来进行品种改良。可为什么还这么慷慨地将种子分送给大家呢？你不怕我们的南瓜品种超过你的吗？"

这位农夫回答："我将种子分送给大家，是帮助大家，但同时也是帮助我自己！"

原来这位农夫居住的地方，家家户户的田地都是毗邻相连的。这位农夫将得奖的种子分送给邻居们，邻居们就能改良自己的南瓜品种，同时也就可以避免蜜蜂在传递花粉的过程中，将邻近的较差品种的花粉传给自己。相反，如果这位农夫将得奖的种子自己独享，而邻居们在品种无法跟上，蜜蜂就容易将那些较差品种的花粉传给这位农夫的优良品种。这位农夫势必因在防范方面大费周折而疲于奔命，很难再培育出更加优良的南瓜品种。

送人一束玫瑰，留下一缕芬芳。分享和给予，常常是一种收获。

不管你是一个什么样的人，都不可能像鲁滨逊那样独自一人闯天下，尤其是要使自己的人生局面推广开来，更离不开与各种各样的人打交道。要想让别人将来帮助你，你就必须先付出精力去关心别人、感动别人，这样才能赢得别人回报的资本。

　　一个人精力到底有限。经手的事情太多，表面上看来似乎没有什么疏漏，也许失察疏漏的地方在不知不觉中已经留下很多。这些疏漏的地方，一定的时候都可能产生不良后果，而且，由于一个人所有的动作常常是环环相扣、相互牵连的，有一些因失察留下的疏漏所产生的后果，常常是关键性的，并不只是影响某一桩或某一个行当的生意的成败，它可能使辛辛苦苦建立起来的大厦整个儿彻底坍塌。

**做事真言**

　　做事有策略的人，总是在关键时刻帮人一把，这样别人也会在重要时刻助你一臂之力，帮助你渡过难关，顺利成事。

# 3. 为对方分析利弊得失

　　做事有策略的人会分析利弊得失，用实际的利弊来说服他人，进而实现既有利于自己，又有利于他人的双重效益。

　　著名人际关系学大师卡耐基租用纽约某家饭店的大舞厅，用来举办每季度一系列的讲课。

　　有一个季度开始的时候，他突然接到通知，说他必须付出比以前高出三倍的租金。卡耐基拿到这个通知的时候，入场券已经印好，并且发出去了，而且所有的通告都已经公布了。

　　卡耐基不想付这笔增加的租金，可是跟饭店的普通员工谈论是没有用的。因此，几天之后，他去见饭店的经理。

　　"收到你的信，我有点吃惊，"卡耐基说，"但是我根本不怪你。如果我是你，我也可能发出一封类似的信。你身为饭店的经理，有责任尽可能地使收入增加。如果你不这样做，你将会丢掉现在的职位。现在，我们拿出一张纸来，把你因此可能得到的利弊列出来。"

然后，卡耐基取出一张纸，在中间划了一条线，一边写着"利"，另一边写"弊"。他在"利"这边写下这些字："舞厅空下来。"接着说："你把舞厅租给别人开舞会或开大会是最划算的，因为像这类的活动，比租给人家当讲课场能增加不少的收入。如果我把你的舞厅占用 20 个晚上来讲课，你的收入当然就要少一些。"

"现在，我们来考虑坏的方面。第一，如果你坚持增加租金，你不但不能从我这儿增加收入，反而会减少自己的收入。事实上，你将一点收入也没有，因为我无法支付你所要求的租金，我只好被逼到另外的地方去开这些课。"

"你还有一个损失。这些课程吸引了不少受过教育、修养高的群众到你的饭店来。这对你是一个很好的宣传，不是吗？事实上，如果你花费 5000 美元在报上登广告的话，也无法像我的这些课程能吸引这么多的人来你的饭店。这对一家饭店来讲，不是价值很大吗？"

卡耐基一面说，一面把这两项坏处写在"弊"的下面，然后把纸递给饭店的经理，说："我希望你好好考虑你可能得到的利弊，然后告诉我你的最后决定。"

第二天卡耐基收到一封信，通知他租金只涨 50%，而不是 300%。

卡耐基并没有提自己的要求，而是为饭店经理分析了利弊，就得到了减租。

不论求人办事，还是帮人办事，人们都需要选择办还是不办。选择的目的就是为了权衡利弊得失。在权衡过程中，有的人可能只考虑某一方面而忽略了另一方面。

要让别人按你想要的方法办事，就得从他们的需要入手。

你必须明确，要任何一个人做任何事情，唯一的方法就是使他自己情愿。最好的方法是通过对各方利弊的分析，找到既有利于他，又对你有利的解决方法。同时，还必须记得，人的需要是各不相同的，各人有各自的嗜好偏爱。只要你认真探索对方的真正意向是什么，特别是与你的计划有关的，你就可以依照他的偏好去对付他。你首先应当将自己的计划去适应别人的需要，然后你的计划才有实现的可能。

**做事真言**

做事有策略的人，总是善于从对方的立场出发，为对方分析出事情的利弊，以促使对方主动地按照他的思路走下去，从而达到他的目的。

# 4. 从别人感兴趣的话题着手

做事有策略的人一定懂得投别人所好，谈论别人感兴趣的事，从而达到自己求人办事的目的。

有一个大学刚毕业的会专业系学生小马，在一家会计事务所当职员。按公司规定，试用期间每一个人在一个月内都要拉到一家新客户。可是他刚离开学校不久，又没有任何的背景，每次去拜访一些陌生的新客户，不是吃闭门羹，就是要他回去等消息。

眼看一个月的期限就快到了，小马已经是心灰意冷，打算另谋出路。没想到这个时候奇迹出现了，他不但开发出一个新客户，而且还借着这个客户的引荐，一连吸引了十几家新客户。小马不但没有被炒鱿鱼，反而晋升成正式职员，薪水也连跳好几级，成了该事务所的"超级营业员"。

这到底是怎么回事呢？

一天，上司递给小马一张名片，叫他去找名片上的那位公关经理谈一下，正当他踌躇不安地要踏入那家公司门口的时候，突然眼睛一亮，他想到了名片上公关经理的名字。因而也就想好了开场白。

原来这位经理的名字蛮奇怪的，竟然叫做"万俟明"，而小马恰好又很喜欢看传统小说，以前在看《说岳全传》时，书中有个坏人的名字就叫"万俟卨"。

小马看《说岳全传》时年纪还小，一看到"万俟卨"三个字，就不知道怎么读，所以小马特地查了字典，才知道这三个字的读音。也正是因为这样，小马才知道"万俟"这两个字的正确读音（万俟作为姓应读作 mò qí）。

所以小马一见到这位公关经理，第一句话就礼貌地向前称呼他："您好！万俟先生，我是××会计事务所的职员，今天特别来拜访您。"

才说完这句话，对方就吃惊地站起来，嘴里结巴地说着：

"你……你……你怎么认识我的姓，一般人第一次都会念错，大部分人都叫我万先生，害我总是解释一次又一次，烦死了。"

小马听了以后感觉这次拜访似乎有了好的开始，于是小马接着说：

"这个姓是复姓，而且又很少见，想必有来源的吧！"对方听到这里，更是显得神采飞扬，高兴地说：

"这个姓可是有来由的，它原是古代鲜卑族的部落名称，后来变成姓氏的拓跋氏，就是由万俟演变而来的。"

小马看到对方越来越高兴，于是接着问道：

"那您就是帝王之后，系出名门了！"

"岂止是这样，这个姓氏一千多年来也出了不少名人，例如，宋代有个词学名家叫万俟永，自号词隐，精通音律，是掌管音律的大晟府中之制撰官，另外写了一本书叫《大声集》，后人都称之为万俟雅言。"

由于第一句话非常到位，激起了那位公关经理的谈话兴趣，很热情地和小马聊了起来，尽管小马并未说明来意，更没谈什么细节，但光凭这次愉快的交谈，就让小马开发出这家财团做客户。而这家财团旗下所有的关系企业，全都与事务所签下了合约，聘事务所做财务顾问，为事务所增加了前所未有的业绩。

和人初次见面很难知道对方在想什么，所以要善用机会，寻找别人感兴趣的话题。上例中的那个小马是做事有策略的，明明自己知道"万俟"这个字的读音，是来自《说岳全传》中的那个奸臣万俟卨。可是为了能投对方所好，于是故意装糊涂，让对方去吹嘘他姓氏中那些光荣的历史，为未来的生意，奠定了一个成功的基础。

每一个拜访过罗斯福的人都会惊讶他何以全知全能。无论是牧童、农民、劳工，还是政治人物、商业巨子，都能和罗斯福谈得很投机，这中间到底有什么秘诀呢？

其实说来很简单，罗斯福是个历史上相当成功的政治人物，他深知获取人心的捷径，就是谈论对方感兴趣的事。罗斯福无论接见任何人，不管那个人地位高低，在前一晚肯定要预先阅读对方有兴趣的谈话资料。

当然，不单是政治人物，就算是个推销员，也该知道怎样才能投顾客所好。例如，有位推销员，为了手上的进口高级车，专程拜访一位企业家。可是一见面他并不谈卖车的事，反而先拿出儿子的集邮册，原来他儿子与企业家的儿子是同班同学，他知道企业家为了替儿子搜集邮票，总是不辞辛劳，乐此不疲。他用这件事当话题，两人很快就有了共同语言，并且谈得很投机，最后在快要告辞时稍微提一下子车子的事，当然就顺利卖出了。

在谈及对方得意之事的时候要特别注意技巧，表示敬佩，但不要过分赞赏，否则他会认为你是阿谀奉承。把握住事情的关键，要求要慎重提出，再加以正反两方面的阐述，使得他认为你是他的知己。到了这种境地，他自会格外高兴，你一面听，一面说几句表示赞美的话，如此一来，即使他是个冷静的人，也会变得和蔼可亲，容易接近。你再利用这个机会，稍稍表达你的意思，对方是很容易接受的。

不过，对方得意的事情要从何处去探听呢？一是看看你的朋友之中，有无与对方有交往的人，如果有的话，向他探听当然是最容易的。二是留心报纸上的新闻，或其他刊物，平日关注对方的得意事情，到时便可以应用。

对方先前得意的事情，现在是否已经不再对之感兴趣，如有这种情形，请你不要贸然再提起，以免引起对方不悦，反而对你不利。因为对方在高兴的时候，你的请求，易于接受，对方不高兴的时候，虽是极平常的请求，也会遭到拒绝。

## 做事真言

和别人交谈，灵活地投其所好去寻找对方感兴趣的话题是非常必要的。如果能这样来应对你的同事和朋友会更为有效。

# 5. 储蓄人情，办好大事

做事有策略的人，在做事的同时也在做"情"，因为他们懂得要想办事顺利必须储蓄人情，不让它透支。

一家小企业的董事长承包着一些大电器公司的工程，对这些公司的重要人物常施以小恩小惠。这位董事长的交际方式与一般企业家的交际方式的不同之处是：不仅奉承公司要人，对年轻的职员也殷勤款待。

可是，这位董事长并非无的放矢。这位董事长这样做的目的是为日后获得更多的利益做准备。

他总是想方设法将电器公司中各员工的学历、人际关系、工作能力和业绩，作一番全面的调查和了解。认为这个人大有可为，以后会成为该公司的要员时，不管他有多年轻，都会尽心款待。他明白这当中总会有几个能给他带来意想不到的收益。他现在做的"亏本"生意，日后会连本带利地收回。

当自己所看中的某位年轻职员得到晋升时，他会立即跑去庆祝，赠送礼物。同时还邀请其到高级餐馆用餐。被邀请者通常很少去过这类场所，因此对他的这种盛情款待自然倍加感动。内心想：我现在还没有掌握重大交易的决策权，也从未给过这位董事长任何好处。他就这样待我，有机会一定要还这个情！无形之中，自然产生了感恩图报的意识。受宠若惊之际，这位董事长却说："我们公司能有今日，完全是靠贵公司的抬举，因此，我向你这位优秀的职员表示谢意，也是应该的。"这样说的用意是不想让这位职员有太大的心理负担。

这样，当这些职员晋升至处长、经理等要职时，都还记着这位董事长的恩惠，总是想方设法照顾这位董事长的生意。因此在生意竞争十分激烈的时期，许多承包商倒闭的倒闭，破产的破产，而这位董事长的公司却仍旧生意兴隆，其原因就是他平常关系投资多。

俗话说："平时不烧香，临时抱佛脚。"菩萨虽灵，也不会帮助你。因为你平常心中就没有佛祖，有事再来恳求，佛祖怎会当你的工具呢？做事有策略的人，一定知道，平时常烧香，办大事的时候才有人帮。

做事有策略的人懂得，现在我们需要竞争，在竞争中可以充分实现自己的价值，而越是竞争，越需要和谐的人际关系，越需要人情味的力量。

如果要烧香，就找些平常没人去的"冷庙"，不要只挑香火繁盛的"热庙"。"冷庙"的菩萨平时门庭冷落，无人礼敬，你却很虔诚地去烧香，"神"对你当然特别注意。同样的烧一炷香，"冷庙"的"神"却认识这是天大的人情，日后有事去求它，它自然特别照应。如果有一天风水转变，"冷庙"成了"热庙"，"神"对你还是会特别看待，不会把你当成趋炎附势之辈。

做事有策略的人、会储蓄人情的人，他们大多做到了以下两点：

（1）闲时多烧香，急时有人帮，并且热庙、冷庙都要烧；

（2）友情投资，走长线。

## 做事真言

从现在起，多注意一下你周围的朋友，若有值得"上香的庙"、值得储蓄的人情，千万别错过了，办大事的时候用得到。